眠れなくなるほど面白い

大人のための 算数と数学

教育評論家

小宮山博仁

監修

日本文芸社

JN043785

◉ はじめに

　今企業の現場では算数・数学に熱い視線が注がれていますが、教育の世界も同様です。2020年から小学校にプログラミングの授業が導入されます。プログラマーになるためではなく、論理的（ロジカル）に物事を考えていく能力を養成するためだといわれています。手順通りに操作しないと、携帯やスマートフォンが作動しないことは、多くの人が知っています。どこかで間違えるとうまく機能しないのは、機械だけではありません。仕事をするときやレジャーを楽しむときも、知らず識らずにロジカルに私たちは行動しています。

「問題解決能力」という用語が学校などで使われるようになって、10年以上たちました。これはグローバル化した社会で、解決しなくてはならない難問が山積しているからです。学校の教科書には、「持続可能な社会」や「SDGs」といった用語が、これからはよく出てくると思われます。この2つのテーマに関心を持ち、ロジカルな考えで生きていく力を身につける、そういう願いが算数・数学教育に求められているのです。

　この本は、算数・数学の不思議なことや面白さを伝えたいと考え、途中のプロセスや原理・しくみを意識した内容となっています。日常生活に使われている算数・数学のテーマをいくつも取り上げています。また算数・数学の面白さを知って、順序だてて物事を考える習慣を身につけると何かと役に立ちそうだ、そのように思える項目もいくつかあります。数字には単位がつくことが多く、かけ算、わり算をするとその単位が変化していくことは、意外と意識されてい

ないのではないでしょうか。また、子どもの素朴な疑問はけっこう奥が深いことがあります。「100円の10%はなぜ0.1に直して計算するの？」「$2\frac{1}{3}$はなぜ$2×3＋1$で$\frac{7}{3}$になるの？」「わり算の等分除と包含除って何？」「円の面積はなぜ半径×半径×3.14で求められるの？」（5章参照）。これらのことにすぐ答えることができる大人は、意外と少ないのではないでしょうか。

　算数・数学を解くだけでなく、それをきっかけに「持続可能な社会」を算数・数学的発想で可能にして欲しいと願っています。ロジカルな展開を考えていく例として、中学の数学で一番注目されている「中点連結の定理」を紹介しておきます。この定理を証明するための「知識」を書き並べると次のようになります。①三角形の性質　②中点の意味　③比と比の値（もとにする量を1としたとき、比べられる量の割合を比の値という）　④平行線の性質　⑤三角形の合同条件　⑥平行四辺形の性質。①から⑥までの知識を活用して、ロジカルな手順で証明していきます（82ページ参照）。

　私たちは小学校・中学校時代に算数・数学を学びながら、自然の流れでプログラミングを身につけていることになります。仕事や家事を段取りよくこなし、趣味を満喫するのにも役立つのが算数・数学であることがわかっていただければ幸いです。

2020年2月末日

小宮山博仁

眠れなくなるほど面白い 図解 **大人のための算数と数学** もくじ

第4章　日常生活に活用されている数学

第5章　大人が答えられない算数のナゾ

第6章   算数と数学の問題を解く

エピローグ   毎日の生活に役立つ算数と数学

・カバーデザイン／ BOOLAB.
・本文DTP／松下隆治
・編集協力／オフィス・スリー・ハーツ

※第6章の問題は小社刊『面白いほどよくわかる小学校の算数』『面白いほどよくわかる数学』（小宮山
　博仁・著）より引用しました。
※コラムの定理は小社刊『眠れなくなるほど面白い 図解 数学の定理』を一部参考にして再編集しました。

算数と数学の
ルーツ

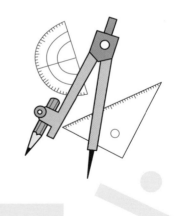

算術のはじまり

日本の算数&数学の姿を探ってみる

　算数はそれぞれの国ごとに、使用する教科書の相違から、教え方が少し異なります。日本ではかけ算「九九」を1の段から9の段まで、1×1から9×9まで丸暗記するように教えますが、インドでは19×19や12×18といった2けた同士のかけ算の答えも暗記できるように教えています。**算数という用語はもともとは算術と呼ばれており、数学全般を学ぶ学問とされていました。教科名として算数が使われるようになったのは1941年頃といわれています。**

　算数の起源を考えるときに「和算」との関係を知る必要があります。この数学の前身ともいえる和算は、江戸時代に大きく発展しました。

　特に有名なのが、1627年、吉田光由（1598〜1672）によって書かれた『塵劫記』です。そろばんの使用法や測量法など、日常生活で役立つ具体的なものが書かれています。

　日本の数学史に一線を画した人物に、関孝和（1642〜1708）がいます。彼は数学の問題文の条件を文字や数式に表し、それによって問題

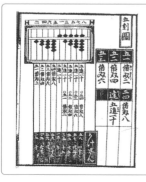

吉田光由によって書かれた『塵劫記』でそろばん使用法を解説している頁

日本の数学と密接な関係のある和算は江戸時代に大きく発展しました！

文を整理することから解を求める手法を見出しました。日本の数学の基礎は彼の考え方がもとになっているともいわれています。そして**日本独自の文化のひとつである「算額文化」が生まれるきっかけにもなったのです。「算額」とは、「和算」において、問題が解けたことを神仏に感謝し、ますます勉学に励むことを祈念して奉納された絵馬といわれています。**やがて、人びとの集まる神社仏閣を問題の発表の場として、難しい数学の問題だけを書き解答を付けずに奉納するものも現れ、それを見て解答や想定される問題を再び算額にして奉納することも行われました。

　このような算額奉納の習慣は世界に例を見ず、日本独自の文化であるといってもいいでしょう。

　『例題で知る日本の数学と算額』（森北出版）によると、日本全国には975面の算額が現存していると記されています。現存する算額で最も古いものは栃木県佐野市にある星宮神社にあり、1683年に奉納されたとされています。昭和初期の時代の算額も存在していることから見ても、明治以降洋算化の進む中、この風習は和算家により約90年前の時代まで続けられていたことがわかります。

　近年、算額の価値を見直す動きが各地で見られ、一部では算額を神社仏閣に奉納する人びとも増えています。

| 日本独自の文化 | | 算額文化 |

和算において問題が解けたことを神仏に感謝

人々の集まる神社仏閣を問題の発表の場にしてきました。最古のものは栃木県の星宮神社にあります。

四則計算の記号のルーツを探る

　小学校で四則計算を学びます。日常生活で普通に使っている「＋」「−」「×」「÷」の計算です。これらの記号のおかげで、計算をするのがあまり苦にならなくなり、数学が発展しました。この馴染み深い「＋」「−」「×」「÷」という記号は、いつ頃から使われてきたものなのでしょうか。色々な説がありますが、ここでは代表的なものを紹介してみます。まず「＋」「−」です。

　航海をしているとき、船の上では水は貴重です。その水樽の中にどれくらいの分量の水が入っているか、**その量の管理をするために水が減り水面が下がると、その箇所に「−」を書いたことから、減ることを意味した記号が「−」となりました。反対に水の量が増えたときには「＋」という印をつけたといいます。**

　この記号を初めて使ったのはドイツの数学者であるヨハネス・ウィッドマンといわれています。1489年、彼の著書である『商業用算術書』の中で登場しています。現在の「＋・加算」「−・減算」という意味で使っ

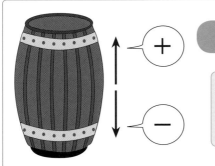

水樽の中の水の量を管理

水が増えると「＋」と減ると「−」の印を水樽につけたことが「＋」「−」の起源

たのは1514年、オランダの数学者、ファンディ・フッケではないかという文献が残っています。

　では「×」や「÷」はどうでしょうか。

「×」を乗法として使ったのは、イギリスの数学者、ウィリアム・オートレッドです。キリスト教の十字架を斜めにし、乗法を意味する記号として考え、著書『数学の鍵』（1631年）に書いたのが初めてであるといわれています。**「÷」はスイスの数学者、ヨハン・ハイリッヒ・ラーンが著書『代数学』（1659年）の中で、除算の記号として使いました。**ちなみに「÷」という記号はヨハン・ハイリッヒ・ラーンが考案した記号ではなく、この著書の編集者であったイギリスの数学者、ジョン・ペルではないか、という説もあります。わり算を分数にしたとき、「÷」の記号の上下の「・」は分母と分子を表しています。（「÷」の記号は世界共通というわけではありません。ドイツでは「:」が使われています）。

　四則計算では「＝」の記号がなければ数式はなりたちません。この**「＝」という記号は、イギリスの数学者であるロバート・レコードが**『知恵の砥石』（1557年）の中で使用し、**「2本の平行線ほど等しいものはない」**といっています。この意味から「＝」という記号は「等しい」という意味で使われるようになったのです。

記号「×」「÷」「＝」のルーツ

「×」… キリスト教の十字架を斜めにした形を乗法の意味としました
「÷」… ヨハン・ハイリッヒ・ラーン著『代数学』の中で初めて登場しました
「＝」… 2本の平行線ほど等しいものはないという意味から登場しました

数学を発展させた学者

日常生活に欠かせない考え方の芽生え

　古代ギリシャ・ローマ時代から、数学の探求は行われてきたという記録が残っています。数学者の功績がなければ、現代社会で当たり前のように送られている日常生活は、存在しなかったといっても過言ではありません。それほど数学の発展は我々の生活に密着しているのです。ここでは中学や高校の数学の教科書に出てくる定理などを考えだした、主な数学者を紹介します。

　紀元前、古代ギリシャ時代で有名な数学者では、タレスやピタゴラスなどが挙げられます。**タレス**は円周角の１つである「タレスの定理」を発見しました。**ピタゴラス**は中学の教科書に必ず出ている「三平方の定理」が有名です（16 ページ参照）。

　77 ページで紹介する「黄金比」の考え方のもとになる「フィボナッチ数列」を発見したイタリアの**レオナルド・フィボナッチ**（1170 頃〜1245 頃）は 12 世紀に登場。彼の著書『算盤の書』（1202 年）は数学の世界に大きな変革をもたらしたともいわれています。

紀元前・古代ギリシャ時代に活躍した有名な数学者

タレス
（ 紀 元 前 624
年頃〜紀元前
546 年頃）

ピタゴラス
（ 紀 元 前 582
年頃〜紀元前
496 年頃）

16世紀になると次々と新しい定理が発見されました。イタリアの数学者、**ジェロラモ・カルダーノ**（1501〜1576）は、3次方程式の解法を発見しました。スコットランドの**ジョン・ネイピア**（1550〜1617）は対数を考え出し、その後、パスカルの定理で有名なフランスの**ブレーズ・パスカル**（1623〜1662）が続きます。彼は確率論の創始者ともいわれています。高校数学で誰もが知っている「微分・積分」が登場したのもこの時期です。発見したのは万有引力でも有名な、イギリスの**アイザック・ニュートン**（1642〜1727）。この時期には120ページで紹介している「チェバの定理」を、イタリアの**ジョバンニ・チェバ**（1647〜1734）が発見しています。前出の和算で紹介した**関孝和**（1642〜1708）が活躍したのもこの頃です。

18世紀に登場したフランスの**ジョゼフ・フーリエ**（1772〜1837）によって発見されたフーリエ級数は、現代社会で大いに活用されているWifi通信に応用されています。パソコンの迷惑メールの振り分け方法やAI（人工知能）にも大きく寄与している、それらの考え方のもとになる「ベイズの定理」のイギリスの**トーマス・ベイズ**（1702〜1761）も有名です（62ページ参照）。彼は統計学の世界で大きな影響を与えました。

数学は日常生活を便利にするために、色々な場面で活用されています。AI（人工知能）もそのひとつでしょう。

円周率っていったい何?

3.14と教わった円周率は何ケタまで続くのか

円周率とは、円周の長さとその直径に対する比です。円周率は無理数（実数のうち分数の形で表せない数）で、割り切れない循環しない無限小数です。ギリシャ文字のπ（パイ）で表します。イギリスの数学者であるウィリアム・オートレッドの著書で、最初は半円の円弧部分の長さを表す文字としてπという記号は用いられました。その後、18世紀、ウエールズの数学者であるウィリアム・ジョーンズやスイスの数学者のレオンハルト・オイラーらによって、円周率を表す記号として使われるようになり、広まっていくことになります。

円周率の小数点以下の数値が無限に続くことは、すでに証明されています。円周率についての言及は古代ギリシャ時代までさかのぼります。紀元前1650年頃、エジプトの数学書で有名な『アーメス・パピルス』には円周率の近似値として3.1605が記されています。紀元前3世紀頃になると、ギリシャの数学者であるアルキメデスが円周率の計算に取り組み、円に内接、外接する正多角形から円周を求める計算によって、$3\frac{10}{71} < \pi < 3\frac{1}{7}$ という不等式を発見しました。この分数を小数に直してみると、$3.1408\cdots < \pi < 3.1428$ となります。

円周率の計算において功績のあった、ドイツ・オランダのルドルフ・ファン・コーレンにちなみ、円周率のことをルドルフ数と呼ぶこともあ

正式な円周率は未だに解明されていません。円周率のような「無理数」は、永遠に解明されない不思議な数なのでしょうか。

ります。17世紀に彼は小数点以下35ケタまで正確に求めることに成功しました。

20世紀以降は計算機の発達により、円周率のケタ数は飛躍的に増えていきました。記録によると1949年には、アメリカで開発された電子計算機ENIACを使い、小数点以下2037ケタまで計算されています。1973年になるとそのケタ数は驚くほど増えて100万ケタを超えました。2019年の時点では、円周率は小数点以下31兆4159億2653万5897ケタまで計算されています。

分数の$\frac{1}{3}$を小数で表すと0.333333…と3が続き、$\frac{1}{7}$は0.142857142857…と142857が繰り返し続きます。

しかし円周率は無限に小数点以下が不規則に続きます。**このような数を「無理数」といいます。無理数には$\sqrt{2}$＝1.141421356…や$\sqrt{3}$＝1.7320508…などがあります。**

円周率		円周の長さとその直径に対する比

円周率はギリシャ文字 π（パイ）で表す

円周率の歴史

紀元前2200年頃	ギリシャでは	$3\frac{1}{7}$
紀元前1650年頃	エジプトでは	3.16
500年頃	インドでは	3.1416
700年頃	中国では	$\frac{22}{7}$、$\frac{355}{113}$
1720年頃	日本では	42ケタ
1850年頃	イギリスでは	707ケタ

ピタゴラスの定理

　ピタゴラスの定理とは三平方の定理とも呼ばれている、一番ポピュラーな数学の定理といってもいいでしょう。紀元前540年頃、ギリシャの哲学者でしかも数学者であるピタゴラスが発見したことによりこの名前がつけられています。

　直角三角形ＡＢＣの斜辺の長さをｃとします。他の２辺ＢＣとＡＣの長さをそれぞれ a、b としたとき、それぞれの辺を１辺とする正方形の面積には、「$c^2 = a^2 + b^2$」という関係が成り立ちます。また、「$c^2 = a^2 + b^2$」が成り立つ三角形は直角三角形ということになります。たとえばa＝3、b＝4、c＝5やa＝5、b＝12、c＝13は直角三角形となります。このような三平方の定理の関係を満たす整数の組み合せは、**ピタゴラスの数**と呼ばれます。

　ピタゴラスの定理は古代エジプト時代から**土地の区分や区画など様々なところで活用**され、ピタゴラスの定理をさらに拡張させたものに「ヒポクラテスの定理」があります（28ページ参照）。

「直角三角形の斜線の２乗は、
　直角をはさむ２辺の２乗の
　和に等しい」

$c^2 = a^2 + b^2$ が成り立つ

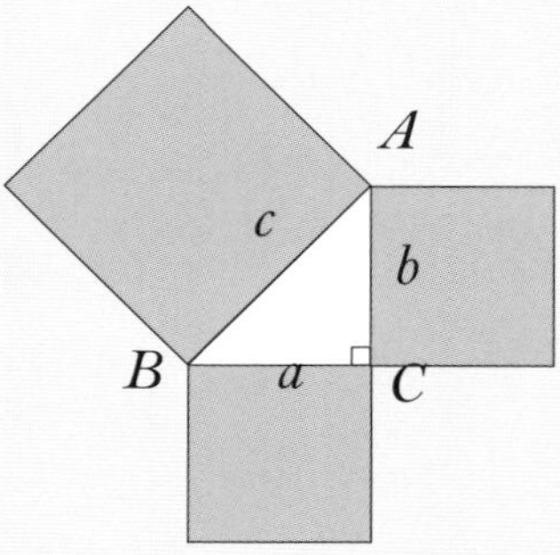

算数と数学の違いがわかる

小学校の算数の概略

　小学校の算数では、大人になって生活していくために必要になる知識を習得していきます。日常生活では意識しないで計算していることがよくあります。買い物や旅行に行ったとき、割合や速さや平均、面積や体積の計算がすぐにできるととても便利です。

　小学校低学年では「たし算」「ひき算」「かけ算」「わり算」を習います。ほとんどの人が何気なく使っている「かけ算の九九」も小学校で暗記しました。日本では1×1から9×9までの計算を小学校2年生までに暗記しています。整数で表すことができない「半端」な量を小数で表すことも学びます。

　三角形や長方形の面積、さらに体積の求め方も高学年になるにつれ学んでいきます。**図形の面積や体積を求める公式がありますが、公式を暗記して答えを導き出せばいいという学問ではありません。プロセス（手続きといってよいかもしれません）が重要になってきます。**

　大人は、円の面積を求める公式は「半径×半径×3.14」ということを知っています。しかし「半径×半径×3.14」で面積が求められることを説明できる人はあまりいません。長方形の面積が「たて×よこ」で求められることも同様です（第5章を参照）。

　小学校で教わる内容は、大人にとっては当たり前と思い込んでいることが多々ありますが、算数で重要なのはただ問題を解ければいいということではありません。円を求める公式「半径×半径×3.14」を知り、そして**「どうしてその公式で求められるの？」と考えることが重要なのです。**

算数で教わる四則計算

「＋（たし算）」「－（ひき算）」「×（かけ算）」「÷（わり算）」

↓

算数は日常生活で必要となる基礎知識

↑

割合や速さや比を知る

円の面積

長方形の面積

円の面積の公式	長方形の面積の公式
半径×半径×3.14	たて×よこ

↑

どうしてこの公式で面積を求められるのか？

〈第5章参照〉

算数で教わる割合や速さの公式を丸暗記するのではなく、その公式を理解することが重要なのです！

POINT

「速さ＝道のり÷時間」など公式の意味を理解すると、様々な場面で応用することが可能となります。面積や体積の場合も、公式の導き出し方を理解すると算数がより面白くなります。

中学&高校の数学の概略

柔軟な発想力と論理的思考を身につける

　算数で「数量」や「図形」の基本を学んで中学に進むと、数学という名称に変わります。数字を文字に置き換えて、本格的に数学を中学から学びます。**内容は大きく分けて「数量」「図形」「関数」に分けられ、算数の数量では、速さ、割合、比、平均といった生活に密着した項目を学びます。**それらの項目に関した文章題は、文字や式を使った方程式を使うと簡潔に解くことができるようになります。文字を使うことで、1次方程式や2次方程式や連立方程式、さらに連立不等式などの計算が楽にできるようになります。複雑そうに見える問題でも、方程式や不等式で解決できるという体験をすると、中学や高校の数学が面白くなってきます。

　算数の図形は、三角形、四角形、円といった平面図形と、立方体や直方体といった立体図形を学びます。それらをもとに、文字を利用しながら平面図形や空間図形の基礎理論を中学の数学で学びます。三角形、平行四辺形、円の性質や定理を知り、それらを利用して合同や相似（そうじ）の証明問題を解く段階になると、かなり論理的思考が必要となってきます。

　高校では中学で学んだ図形の性質や定理を利用して、さらに複雑な定理や証明を学びます。図形と計量の要素を取り入れた三角比やベクトルも学びます。数量や関数は中学で基本的なことを学びます。比例、反比例、方程式、1次関数、2次関数が中心です。高校では2次方程式と2次関数、三角関数、微分積分などを学び、実生活とは少し離れた抽象的思考が必要な数学になります。また、高校の数学には「統計」という分野が入ってきます。「統計」は日常生活と密着している学問です。テレビの視聴率や選挙速報、天気予報などで活用されています。

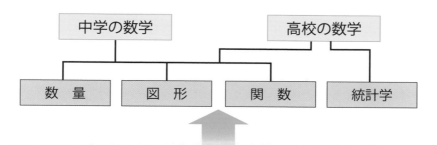

中学の数学　　　　高校の数学

数　量　　図　形　　関　数　　統計学

算数をしっかりマスターし文字式を自由に使いこなす

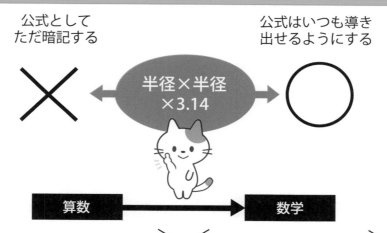

公式として
ただ暗記する

公式はいつも導き
出せるようにする

半径×半径
×3.14

算数　　　　　　→　　　　数学

1.5、10というような具体的
な量の数字が中心

x や y というような文字を含
んだ式でロジカルに考える

数学で文字が含まれた数式を解く力をつけると
抽象的なものの考え方ができ、ロジカルな発想
が身につきやすいです。

POINT

数学の問題を論理的に解く力を身につけるこ
とで、複雑なことをするときに、シンプルな
ことに置きかえて物事を見ることができるよ
うになります。

「方程式」と「つるかめ算」との関連性

算数と数学のモノの考え方の違い

　算数の有名な文章題のなかで「つるかめ算」があります。この問題は中学校で習得する「方程式」を使えば、それほど難しい問題ではありません。しかし小学生は「方程式」はまだ習っていないので、小学生が「つるかめ算」を解くには方程式を使うことができません。**「つるかめ算」は、方程式を使わないで、図を書いてロジカルに解いていくことが求められます。**次の例を見てください。

<問題>

1枚63円の切手と1枚84円の切手を合わせて30枚買ったら、代金は2268円でした。63円切手と84円切手はそれぞれ何枚買いましたか？下記の面積図を参考にして考えてください。

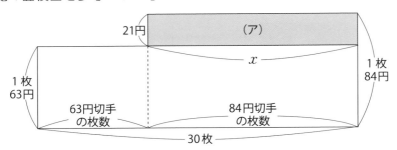

　右ページのように考えると方程式を使わずに答えを導き出すことができます。方程式を使うと、

　　84円の切手を x 枚、63円切手を y 枚、合計枚数は30枚ですから

　　$84x + 63y = 2268 \cdots$①

　　$x + y = 30 \cdots$②

この連立方程式を解けば同じ答えが導き出されます。$x = 18$、$y = 12$

1単位あたりの量（単価）と合計数（個数）や全体量（代金）から、個数などを求める問題を「つるかめ算」といいます。「つるかめ算」は面積図を書いてかけ算の意味を知り、ロジカルに考えていく問題です。

解法は下記のようになります。

　問題で示した図形をもう一度確認してみてください。たては1つあたりの量（切手1枚あたりの単価）を示し、よこは切手の枚数を示しています。また面積は合わせた代金を表しています。全部63円切手を買ったとすると、63円×30枚＝1890円となります。この1890円は図形の面積より（ア）の面積だけ少なくなっている金額です。（ア）の面積は2268－1890＝378で378円となります。（ア）の x は84円の切手の枚数ですから、$x×(84－63)＝378$　$x×21＝378$で$x＝18$　84円切手は18枚、63円切手は30－18＝12で12枚となります。

POINT 面積図はロジカルに理屈で攻める方法で、方程式は文字で式を作ることができれば後は計算で答えが出てきます。面積図はアナログ式、方程式はデジタル式と考えられます。

算数と数学の違いについて

「できる」だけではなく「わかる」ことが重要

　小学校の算数では最初、たし算、ひき算、かけ算、わり算を学びます。このとき**「計算さえできればいい」と誤った算数に対する考え方が保護者の間で広まったことがありました。**確かに計算力は必要ですが、「1個300円のりんごを2個買いました。いくらですか？」という文章題を300×2＝600として、式を作って答えを出すだけの学問ではありません。**たし算には「合わせる、加える」、ひき算には「取る、差」、かけ算は「1つあたりの量×いくつ分」、わり算には「等分除、包含除」という意味があります。**高学年では「1つあたりの量」から平均、人口密度、速さ、割合、比といった、日常生活で使われている重要な項目を学びます。「速さ＝道のり÷時間」といった公式が出てきますが、暗記するだけが算数でないことは、言うまでもありません。低学年の算数では具体的な量や図を見ながらの学びでしたが、高学年になると「1つあたりの量」という抽象度が少し上がる考え方が主流になってきます。式を立てて答えを出すだけの勉強をさせられていたら、算数や数学は面白くありません。「なぜなの？」という疑問をもち、原理しくみを理解し、その後「できる」ようにするのが算数の一番の目的ともいえます。このとき、算用数字を使って算数を考えることに注目してください。

　中学や高校で学ぶ数学とはどこが違うのでしょうか。**まず一番目立つ違いは「文字と式」の登場です。**これによって複雑そうに見える文章やできごとをアルファベットの文字と算用数字で簡潔な「文字式」で表すことが可能になります。数学は文字を活用することによって、多くの現象をシンプルに表現できる、抽象度が高い思考を必要とする学問なのです。

算数 🤝 数学

「できる＝問題が解ける」だけでなく
「わかる＝理解する」が大切になってくる

算数＆数学を理解する 🤝 日常生活で役立つ

つるかめ算を今度は連立方程式で解いてみましょう。

＜問題＞

63円切手と84円切手を合わせて12枚買い1000円札を出したらおつりが76円ありました。それぞれ何枚ずつ買いましたか？

＜解説＞

63円切手を x 枚、84円切手を y 枚とすると、長い文章を下記のようなシンプルな文字を使った連立方程式に表すことができます。

$$\begin{cases} x + y = 12 \\ 63x + 84y = 1000 - 76 \end{cases} \longrightarrow \begin{cases} 63x + 63y = 756 \\ 63x + 84y = 924 \end{cases}$$

この連立方程式を解くと $x = 4$、$y = 8$

63円切手4枚、84円切手8枚ということがわかります。

文字を活用することで数学という学問は飛躍的に発展しました。複雑な現象を限られた文字で表現することによって1次方程式、2次方程式、関数、三角関数、微分積分、確率、統計という学問が身近なものになりました！

POINT

物事を論理的に考え、そして発想力に長（た）けている人になるための基本を習得するのが「算数」であり、その方法論を習得するのが「数学」なのかもしれません。

仕事で役立つ算数の問題

論理的な考え方ができるようになるために

　ニュートン算は算数や数学に登場する文章題のひとつです。**ある仕事を仕上げるための仕事量と時間との間には反比例の関係が成りたち、時間や仕事量を求める「仕事算」と似ている部分がありますが、「ニュートン算」は、作業をしている間にも仕事量が増えたり、仕事量が減ったりするといった条件が加わるのが特徴です。**

　「Aさんが一人で1日3時間作業すると12日間で終わる仕事があります。今度はAさんが一人で1日4時間作業をすると、この作業は何日間で終わりますか？」という問題で考えてみましょう。

　Aさんの仕事量は3×12で36の仕事量であることがわかります。これを4時間で作業をすると36÷4で9となり、9日間で作業は終了します。

　これは仕事量と作業時間が反比例の関係になっています。これが「仕事算」です。

　このような**「仕事算」で求められる問題に、作業する人数や仕事量が途中変化する条件が加わったものがニュートン算の特徴です。**

　問題を紹介しましょう。

　「ある広場では、草が一定の割合で伸びています。やぎを活用して除草しようと思います。やぎ2頭では15日間で草がなくなり、3頭では9日間で草がなくなります。やぎ5頭では何日間で草がなくなりますか？

「ニュートン算」のような算数の問題の考え方は、サラリーマンの世界などでは、知らず識らずのうちに使われているのです！

第1章

問題では一定の割合で草は伸び、その草をそれぞれのやぎが一定の量を食べ続けるという場面を想定しています。

抽象的な思考で、ロジカルに順序だてて解いていくと、下記のようになります。

ニュートン算と呼ばれるようになったのは、アイザック・ニュートンが1687年に刊行した『自然哲学の数学的諸原理（プリンキピア）』という書物の中で、ニュートン算の原型となるような問題を発表したからだ、とされている説があります。

この問題は次のような図をもとにして考えていきます。

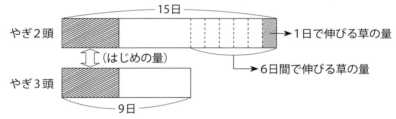

やぎ1頭が1日に食べる量を $\boxed{1}$ と仮定します。

① やぎ2頭で15日間で食べた草の量
   $\boxed{1} \times 2 \times 15 = \boxed{30}$

② やぎ3頭で9日間で食べた草の量
   $\boxed{1} \times 3 \times 9 = \boxed{27}$

①と②により、6日間で伸びた草の量は、
   $\boxed{30} - \boxed{27} = \boxed{3}$
   $\boxed{3} \div 6 = \boxed{0.5}$ が1日で伸びた草の量

はじめの草の量は、$\boxed{30} - \boxed{0.5} \times 15 = \boxed{22.5}$

1日 $\boxed{0.5}$ の割合で伸びる草を除くには、やぎを0.5頭あてればよいことがわかります。

5頭のやぎがこの仕事を始めたとすると、最初の $\boxed{22.5}$ の草を食べるには、5 − 0.5 = 4.5で、4.5頭必要になります。

$\boxed{22.5} \div 4.5 = 5$

答えは5日間となります。

ヒポクラテスの定理

16ページでも触れましたが、ヒポクラテスの定理はピタゴラスの定理を利用した定理のひとつです。

直角三角形ＡＢＣの各辺ＡＢ、ＡＣ、ＢＣを直径とした半円を描きます。直径ＡＢを直径とした半円の面積と、直径ＡＣを直径にした半円の面積から直径ＢＣを直径とした半円（上向き）の面積を引いたときにできる面積、すなわち**S_1、S_2の面積の和は、直角三角形ＡＢＣの面積S_3と等しくなります。この関係をヒポクラテスの定理といいます。**

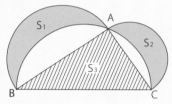

ヒポクラテスの定理は下記のように証明します。

$$S_1+S_2 = S_3+\left(\frac{AB}{2}\right)^2\pi\cdot\frac{1}{2} \quad \cdots\cdots \text{ABを直径とする半円の面積}$$

$$+\left(\frac{AC}{2}\right)^2\pi\cdot\frac{1}{2} \quad \cdots\cdots \text{ACを直径とする半円の面積}$$

$$-\left(\frac{BC}{2}\right)^2\pi\cdot\frac{1}{2} \quad \cdots\cdots \text{BCを直径とする半円の面積}$$

$$= S_3+\frac{\pi}{2}\cdot\frac{1}{4}\underline{(AB^2+AC^2-BC^2)}$$
$$\phantom{= S_3+\frac{\pi}{2}\cdot\frac{1}{4}}AB^2+AC^2=BC^2（三平方の定理）より$$
$$= S_3 AB^2+AC^2-BC^2=0$$

ゆえに　　　$S_1+S_2=S_3$　となる。

これは「ヒポクラテスの月」と呼ばれています。

第2章

小学校の
算数がわかる

数量の基本的な考え方

　数には数量（量）と順番があります。りんごが3個、ボールペンが7本、体重が60kg、といった数は量です。りんごやボールペンは数えることができますが、重さは連続しているので数えることができない量です。牛乳やジュースといった液体は350mℓといった表示をし、これも数えられない量です。他に順番を表す数があります。「2018年OECDの日本のPISAの読解力は15位に低下」といったニュースが話題になりました。この15位が順番を表す数です。**算数の数は主に量のあるものを考えます。具体的な量及び割合などを表しています。**そのため数字（1，2，3…）には単位がついているのが普通です。1個、1本、1m、1kg、1m²、1km／時、1％などです。中学の数学からは、徐々に単位を考えない数字や文字に変化していきます。

　算数の数量には具体的な目に見えるものと、割合や速さといった目に見えないものがあります。しかしほとんどが実生活と密着している内容なので、量の概念をつかみながら理解ができます。そのとき整数・小数・分数の四則計算が一定の速さでできる「計算力」が求められます。特に整数は必須です。たし算・ひき算・かけ算・わり算の四則計算が4ケタぐらいまでなら自由に計算できることが求められます。

　割合や円の問題では小数の計算力も必要となってきます。また計算力がついたあと四捨五入の知識があれば、電卓に頼らなくても、だいたいの数字が頭に浮かんできます。分数のかけ算・わり算まで習いますが、実生活で使うことはまずありません。しかし分数のことを知っていると、割合のことがよくわかるようになります（84ページ参照）。

りんご　　　　　ボールペン　　　→ 数えることが
できる 量

体　重　　　　牛　乳　　　　→ 数えることが
できない 量

第2章

算数で習う「量」には数えることが
できるものとできないものがあります。
他には15位というような「順番」を
表す数があります

算数の数 主に量のあるものについて考える

数字に1個、1本、1m、1kg、1m²、
1km／時、1%のように単位をつけて量
や割合を表します

POINT
算数で学ぶ四則計算以外の主な項目を並べる
と次のようになります。面積・体積（図形の
分野）、平均、人口密度、速さ、割合、資料
の調べ方、比例・反比例などです。

図形の基本的な考え方

小学校の算数で学ぶ図形の項目を以下に書き並べてみます。

円、円柱、球、四角形、三角形、多角形や長方形・正方形・三角形・円の面積、直方体・立方体の体積など、さらに発展学習として合同な図形、対称な図形、角柱・円柱の体積、拡大図と縮図なども教科書に出てきます。

この項目を大人が見たら、「これはすべて身近にある図形ばかりだ！」ということに多くの方が気がつくでしょう。

街中でビルや電車や自動車をよく見ると、たいがいきれいな対称な形になっています。周りの自然に目を移すと、遠くから見るときれいな左右対象となっている樹木が多くあります。

近づいて見れば、桜、コスモス、バラ、スイセン、といった花も線対称や点対称となっています。昆虫、魚、鳥、イヌやネコといった哺乳類、もちろん人間も均斉のとれた形になっています。私たちの周りには、平面や立体でできたものがたくさんあります。子どものうちから目に触れているこの図形を、抽象的な点や線で表すことを学んでいきます。平面なら、直線→正方形→長方形→三角形→台形→円といった順に、立体なら、立方体→直方体→円柱→角柱といった順番に考えていきます。平面は「広さ」という量が、立体には「かさ」という量があり、前者はcm²・m²、後者はcm³・m³などの単位を用います。液体の場合はmℓ、ℓとなり、お茶のペットボトルや牛乳パックを見ると、容量が表示されています。**立体の容量を学ぶと、重さのこともわかってきます。g、kg、tといった単位で立体の重さをイメージすることができます。**

第
2
章

小学校で習う主な図形

円

三角形

正方形

多角形

その他に円柱、球、立方体など

すべて日常生活で目にするモノの形

よく目にする桜やコスモス、バラなどの花の形をはじめ、自然界には線対象や点対称のような形が数多くあります

平 面 「広さ」という量があります

立 体 「かさ」という量があります

平面と立体の形の特徴を理解できるようになると、「広さ」や「かさ」を表す単位についても理解できるようになります！

POINT

小学校の図形は、私たちが生活していく場面を想定した学習となります。中学校以上の数学の図形が、少しずつロジカルな展開になっていくこととの違いに注意しましょう。

文章題の基本的な考え方

問題の意図することをまず理解する

　算数の文章題は、いつも数には量があることを意識します。(A)「ボールペンを 2 人に 3 本ずつ配ります。ボールペンは、全部で何本必要ですか？」(B)「ボールペンを 1 人に 2 本ずつ、3 人に配ります。ボールペンは、全部で何本必要ですか？」

　この 2 つの文章題は、無意識のうちに答えは 6 本とする大人が多いと思います。**しかしこの文章を読んだだけでは、どのような違いがあるのかを説明することは難しいと思います。**もしお子さんに「これ何算でするの？」と聞かれたら (A) も (B) も「かけ算よ」と当然のごとく答えるはずです。もう少し突っ込んで「どうしてかけ算なの？」としつこく質問されたら、「え！　何でこんなこと聞くの。うちの子頭は賢くないのかな？」と考え込んでしまう父母の方もいるのではないでしょうか。

　しかし **「かけ算の意味」を知っていると、理窟で文章題を解くことができるようになります。**かけ算の基本的な意味は、「1 つあたりの量 × いくつ分」です。(A) と (B) の文章をよく読むと、何か同じに思えてしまいます。しかし (A) の「1 つあたりの量」は 3 本（1 人あたり 3 本）で「いくつ分」は 2 人（分）となり、3 × 2 というかけ算の式になります。同様に (B) の「1 つあたりの量」は 2 本（1 人あたり 2 本）で「いくつ分」は 3 人（分）となり、2 × 3 という式になります。(A) の文章題をもとに、(C)「ボールペンが 6 本あります。3 人にわけると 1 人あたり何本ですか」と、(D)「ボールペンが 6 本あります。1 人 3 本だと何人に配れますか」といった 2 つのわり算をつくることができます。**(C) を等分除、(D) を包含除といいます。**

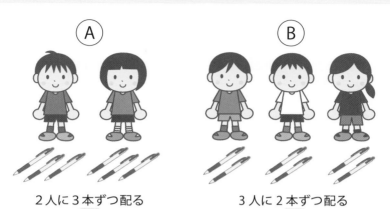

Ⓐ

Ⓑ

2人に3本ずつ配る　　　　3人に2本ずつ配る

どちらもボールペンが必要である本数は6本と同じ

Ⓐは「1つあたりの量」が3本　　Ⓑは「いくつ分」が3人

3本×2人＝6本　　　　　2本×3人＝6本

Ⓒ　ボールペン6本を3人で分ける　→　等分除
と1人あたりは？　6÷3＝2本

Ⓓ　ボールペン6本を3本ずつ分け　→　包含除
ると何人に配れる？　6÷3＝2人

ⒸとⒹの答えは単位が違うことに注目しましょう。

POINT

「1つあたりの量」×「いくつ分」＝「全体の量」
から2つのわり算ができます。(C)「全体の量」
÷「いくつ分」＝「1つあたりの量」、と(D)「全
体の量」÷「1つあたりの量」＝「いくつ分」です。

日常生活で使われている算数

グラフの読み解き方の基本は算数にある

　すでに30ページや32ページの数量や図形のところで書きましたが、**算数の一番の特徴は、日常生活で使われる項目が多いということです。**簡単な四則計算が不自由だと買い物するときに困ります。折れ線グラフや棒グラフは、教科書だけでなく、新聞や本を読むときなどにもよく出会います。円グラフや帯グラフも同様です。一目で変化がわかり、割合がわかるのがこれらのグラフです。知っていると何かと便利であることはいうまでもありません。

　小学校の中学年から習う面積や体積も、生活していく上で大切な学習項目です。**平面の広さを数量で表すことによって、広い狭いということが数字でわかります。**私たちが旅行のときに利用する地図が一番身近かもしれません。小5・小6で学ぶ算数は、人間の活動範囲が広がったときに役立つ項目が目白押しです。1割や10％といった割合は、買い物や天気予報のときに活躍します。帯グラフや円グラフも割合です。全体のうちのどれだけを占めているかがわかると、生活していく上で役に立つことがよくあります。みそ汁やスープを作るとき、みそやしょうゆや塩の割合（比率）を知っておくと、おいしい料理ができます。

　単位量あたりの大きさを学ぶと、さらに活用する場面が広がります。平均、人口密度、速さは、新聞を読んだりテレビやスマホを見ているときに、よく出てきます。特に速さは、旅行や外出するとき、無意識に活用しているはずです。**比を学ぶと、あるものを基準にして、比べるものはどのくらいになるかがわかります。**

　比の応用の縮尺は、地図によく使われていることは有名ですね。

第2章

日本の主要貿易相手国の輸出額の推移（単位：億円）

	2000年	2005年	2010年	2015年	2018年
総額	516.542	656.565	673.996	756.139	814.788
アメリカ	153.559	148.055	103.740	152.246	154.702
中国	32.744	88.369	130.856	132.234	158.977
韓国	33.088	51.460	54.602	53.266	57.926
台湾	38.740	48.092	45.942	44.725	46.792

※財務省貿易統計より

折れ線グラフにする

円グラフにする

各国の金額の推移

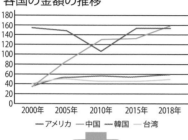

2018年の各国の輸出金額の割合

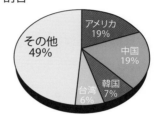

棒グラフにする

各国の輸出金額の推移

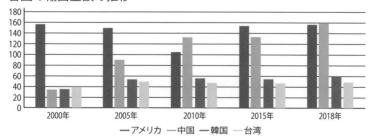

POINT 低学年の算数は、人間が基本的な生活をしていくために必要です。高学年は、面積・体積・割合・速さ・比・平均といった日常生活を豊かにする項目がたくさんあります。

算数の数量で知っておきたいポイント

単位量あたりの大きさを理解する

　ある程度のケタ数の四則計算が、それほど不自由なくできることは、算数・数学をマスターするために必須です。そして広がりのある算数・数学を学ぶために必要な知識は、抽象的な概念が求められる**「単位量あたりの大きさ」**です。ここではどのようなことなのか、なぜ重要な学習項目なのかをお伝えしたいと思います。単位量あたりの大きさとは、「1つあたりの大きさ」のことです。具体例を示しましょう。

　「Aさんの自動車は25ℓのガソリンで300km走りました。Bさんの自動車は15ℓのガソリンで210km走りました。自動車の燃費はどちらが良いといえるでしょう」。自動車を持っていると、1ℓでどのくらい走るかが気になります。この「1ℓあたりで走る道のり（量）」を「単位量あたりの大きさ」、といいます。私たちは自動車の燃費を、当り前のように計算しています。Aの全体の量は300、いくつ分が25ℓと考えると、**等分除のわり算であることがわかります。**全体の量÷いくつ分⇒300km÷25ℓ＝12km/ℓとなります。このときの単位は「km/ℓ」、どこかで見た単位ですね。この単位を言葉で表現すると「1ℓあたり○○km」となります。似たような単位を私たちはいつも目にしているはずです。そう、速さのkm/時という単位です。

　「100kmのところを2時間かけて自動車で行きました。自動車の速さを求めなさい」。これは100km÷2時＝50km/時となります。「2km²のところに100人の人が住んでいます。人口のこみぐあいを求めなさい」。これは1km²あたりの人口のことで、人口密度と言います。**平均や割合も「単位あたりの大きさ」の概念から考えることができます。**

Aさんの自動車

25ℓのガソリンで300km
走りました

Bさんの自動車

15ℓのガソリンで210km
走りました

自動車の燃費を調べる

Aさんの自動車	Bさんの自動車
300km÷25ℓ＝12km／ℓ	210km÷15ℓ＝14km／ℓ

Bさんの自動車のほうが燃費がいいことがわかる

「km／ℓ」		1ℓあたり○○km

日常生活の中でよく「○／△」という
ような形の単位を見かけますが、
これは「単位あたりの大きさ」のこと
を表しています！

POINT

単位量あたりの大きさをマスターすると、算
数の学びが深くなり、いろいろな場面で活用
することができます。次のステップに行くた
めの抽象的な思考を養う練習にもなります。

マーチンゲール法とは？

机上の計算では勝てるギャンブル！

　マーチンゲール法とは、ギャンブルの話をするときによく出てくる言葉です。賭け事をする際に、理論上では必ず勝つことが可能な方法のことをいいます。 考え方は非常にシンプルです。ルーレットを例にしてみましょう。ディーラーが球をホイールにスローイングし、球がどの目に入るかを賭けるゲームです。その中で「カラー（赤黒）」というものがあります。入った目の色が赤か黒かに賭ける方法で、倍率は2倍です。1枚のチップを賭けて的中すると2枚のチップを受け取ることができます。最初のゲームでまず1枚チップを黒に賭けます。そのゲームで外れたら次のゲームでは倍の2枚のチップを黒に賭けます。外れたら倍の4枚、さらに外れたら8枚と、賭けるチップの枚数を倍々にする方法です。1回でも当てることができれば、それまでの負け分は回収でき、さらに儲けも出るというしくみです。**黒に連続して賭け続けていけばいずれ当たることもありますが、しかしいつ当たるかはわかりません。**

　競馬の場合にたとえてみましょう。馬連1番人気のオッズは多くの場合は2倍以上配当がつくので、一度的中するとリターンはルーレットより多くなります。

　最初の1レース目に100円を馬連1番人気に賭けます。外れたら倍の200円を馬連1番人気に賭けます。それも外れたら3レース目には

計算上では誰でも簡単にギャンブルに勝てそうな理論である「マーチンゲール法」も、現実的には100%勝てる方法ではないのです！

倍の400円です。過去のレース結果を調べてみても、馬連1番人気は100%出現しています。しかし1日に一度も馬連1番人気が絡まないケースも考えられます。1日の競馬は12レースのケースが多いのですが、連続して外れ続けたら金額はどれくらいになるでしょうか。12レース目の掛け金はなんと20万4800円になってしまうのです。この時点で、それまでのマイナス分もあるので、約40万円負けていることになります。このまま続けていくと18レース目には1310万7200円と掛け金は1000万円を超えてしまいます。ただし馬連1番人気に1000万円を超えるような金額を投入すると、馬連1番人気の倍率にも影響を与え、2倍を切ることも十分に考えられます。つまり的中しても今までの負け分を回収することは不可能になってしまう計算です。

机上の計算では100％儲けることが可能になるマーチンゲール法ですが、現実には確実に儲けることは不可能なのです。

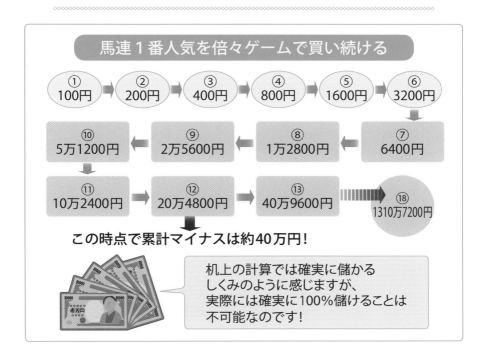

馬連1番人気を倍々ゲームで買い続ける

① 100円 → ② 200円 → ③ 400円 → ④ 800円 → ⑤ 1600円 → ⑥ 3200円

⑩ 5万1200円 ← ⑨ 2万5600円 ← ⑧ 1万2800円 ← ⑦ 6400円

⑪ 10万2400円 → ⑫ 20万4800円 → ⑬ 40万9600円 → ⑱ 1310万7200円

この時点で累計マイナスは約40万円！

机上の計算では確実に儲かる
しくみのように感じますが、
実際には確実に100％儲けることは
不可能なのです！

円周角の定理&接弦定理

◆円周角の定理

　円周上の任意の2点A、Bと、円周上の他の1点Pでできる円周角は一定になります。ひとつの弧に対する円周角の大きさは一定であり、その弧に対する中心角の半分です。この関係を「円周角の定理」といいます。（∠AOBは中心角、∠APBは円周角）

◆接弦定理

　円の接戦とその接点を通る弦の作る角は、その角の内部にある弧に対する円周角に等しくなります。この関係を「接弦定理」といいます。接弦定理は下記のように証明することができます。

円の中心Oを通る半径ACを1辺とする三角形ACBを作る

　　∠ABC＝∠R なので

　　∠ACB＝∠R－∠BAC … ①

　　∠BAT＝∠R－∠BAC … ②

　　①と②より∠ACB＝∠BAT… ③

　　∠APB＝∠ACB（円周角）… ④

また　③と④より

　　∠BAT＝∠ACB＝∠APB

ゆえに

　　∠BAT＝∠APBとなる

　　∠BATが直角及び鈍角の場合も同様に定理は成り立つ

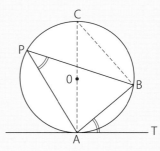

中学・高校の数学がわかる

中学校で習った数学を思いだそう・数量編

中学の数学は算数よりも抽象度がアップします

　算数との一番の違いは、具体的な数字ではなく、ほとんどが文字での計算になることです。また中学の数学では実際に確認することが難しい「負の数」と、これも目で確かめることができない抽象的な概念が必要な「平方根」が出てきます。

　中学の数学が好きになるか嫌いになるかは、中1で学ぶ「文字と文字式」のマスターであると断言できます。具体的な量を示す数字から離れて文字に置き換えることによって、「数学の世界を自由に泳ぎ回ることができる」と表現することも可能ではないでしょうか。

　日本の中学校で学ぶ数学は、実に理路整然としたカリキュラムになっています。典型的な積み上げ式の学びとなっているので、最初でつまずくと「数学は大嫌い！」という状態が大人まで続いてしまいます。しかし、つかえたところに戻って学習し直せば、今度は一気に理解できる可能性が大きいことも忘れないでください。x、y、a、xyといった文字を学んだ後、文字式の計算に進みます。$(6y+2)+(x \times 4y)$といった計算練習をした後に方程式を学びます。

　1次方程式→連立方程式→2次方程式の順番で学んでいきます。1次方程式と連立方程式には、正と負の計算が、2次方程式には平方根（$\sqrt{\ }$）のついた計算が出てきます。

　方程式の意味や解き方を学んで「わかる」ようになっても活用できません。正しい答えを正確にかつ速く求める計算力が必要です。

　特に2次方程式はかなりの計算力を要求されます。そのため文章題にチャレンジすると同時に、常に計算練習を欠かすことができません。

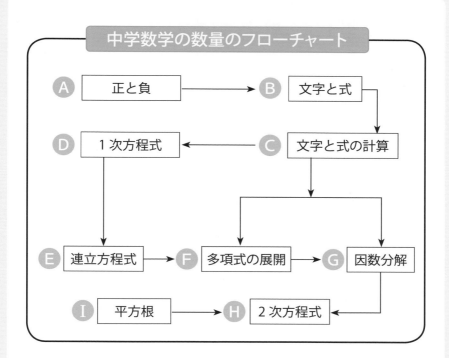

中学数学の数量のフローチャート

A 正と負 → B 文字と式

D 1次方程式 ← C 文字と式の計算

E 連立方程式 → F 多項式の展開 → G 因数分解

I 平方根 → H 2次方程式

矢印は強い関連性を示しています。
例：Aが理解できないとB、C、D、E、Hの
計算が困難になります。CはEとFとGの基
礎となっています。

小学校の算数　　　　　　中学校の数学

具体的な数字を使用 文字を使った計算

POINT 数量では中3で多項式の展開や因数分解を学びますが、これは2次方程式の解の公式を導く前段階です。このあたりで苦手意識をもつ人が出てきます。

中学校で習った数学を思いだそう・図形編

証明した定理を使って違う定理を証明する

　中学の数学では、まず最初に平面図形と空間図形の基本的なことを学びます。三角形の合同や、四角形や円など、図形の性質を学ぶ前のウォーミングアップといってもいいでしょう。

　もうひとつの重要な学習項目は「図形の定理と証明」です。そして「定理」の前に「定義」を学びます。

　この2つの関係は理解しにくいのですが、次のように考えるとすっきりすると思います。二等辺三角形を例にすると、「2辺が等しい三角形を二等辺三角形という」としたものが「定義」です。ここでは事実を述べているだけで、証明しているわけではありません。これに対して「二等辺三角形の底角は等しい」を「定理」といいます。定理は何らかの方法で証明されたものです。

　この証明された定理を利用して、さらに他の定理を証明していきます（中学の数学では図形の証明が中心です）。

　図形の「証明」は、実にロジカル（論理的）で、しかも視覚を活用しているので、証明する過程が大変わかりやすいのが特徴です。

　中学の数学の図形は、「証明」の学習に適しているため、高校入試問題の定番となっています。ただし、途中の手続きを少しでも間違えると正しい証明ができないので、途中の式を書く問題が主流となっています。

　2020年から小学校でプログラミング教育が始まります。ロジカルな発想ができるようにすることが目的と言われていますが、中学の図形の証明で、ロジカルな教育は十分できるのです。

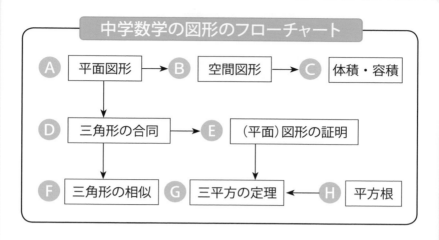

中学数学の図形のフローチャート

- A 平面図形 → B 空間図形 → C 体積・容積
- D 三角形の合同 → E （平面）図形の証明
- F 三角形の相似 → G 三平方の定理 ← H 平方根

第3章

図形の証明はロジカルだ！

次のような二等辺三角形ABCの底角は等しいことを証明せよ。

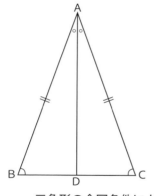

<証明>
頂角∠Aの二等分線をひき、底角BC
との交点をDとする。
△ABD と△ACDにおいて、
AB＝AC（二等辺三角形より）
ADは共通
∠BAD＝∠CAD （∠Aの二等分よ
り）2辺とそのはさむ角がそれぞれ
等しい。

三角形の合同条件により
△ABD≡△ACD　したがって∠B＝∠C…底角が等しい

POINT 小学校では、英語が教科化され、プログラミング、さらに算数を中心に教科書のページ数が増え学習量が多くなります。子どもも大変ですが教える先生も忙しくなりそうです。

中学校で習った数学を思いだそう・関数編

関数はシンプルな直線や曲線で表せます

「時速4kmの速さでx時間歩くと$y$km進む」というとき、yはxの「関数」であるといいます。xが1（時間）ならy（距離）は4、$x = 2$なら$y = 8$となります。これを「2つの変数xとyがあり、xの値を決めると、それに応じてyの値がただ1つだけ決まるとき、yはxの関数である」と表現します。$x = 1$のとき$y = 4$、$x = 2$のとき$y = 8$となり、これを表にすると下記のようになります。

x（時）	1	2	3	4	5	6	…
y（km）	4	8	12	16	20	24	…

※この表をxとyの対応表ともいいます。　この表を式で表すと$y = 4x$となります。

　中学の数学で文字を本格的に学びますが、文字を使うとこのような便利な式をつくることができるので、数学の利用の範囲がぐんと広がります。関数は2つの量の関係がシンプルな文字や数字で表せ、しかもグラフにすることができます。視覚で確認できるので大変便利です。$y = 4x$は【図A】のようなグラフになります。

　中学の数学では負の数を学びますが、このグラフのように斜めの一直線で表せます。$x = -1$、$y = -4$となりますが、1時間前はスタートの原点0より4km後ろということを示しています。

　算数で学んだ比例と反比例は、関数を知ることによって、より理解できるようになります。中学の関数は、中1で比例と反比例、中2で1次関数、中3で2次関数を順番に学んでいくことになります。これをフローチャートのように表示すると【図B】のようになります。

【図A】

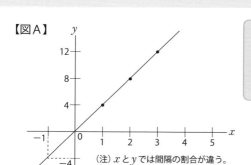

最初に学ぶグラフの意味を
しっかりと理解することが
高校数学を理解する第一歩
となります！

(注) x と y では間隔の割合が違う。

【図B】

Ⅰ 比例：$y = ax$（a は比例定数）

Ⅱ 反比例：$y = \dfrac{a}{x}$（a は比例定数）

Ⅲ 1次関数：$y = ax + b$（a はグラフの傾き。b は定数）

Ⅳ 2次関数：$y = ax^2$（y は x の 2 乗に比例する）

(注) 2次関数の一般式は $y = ax^2 + bx + c$ で表しますが、
中学の数学は、$b = 0$、$c = 0$ の場合で考えます。

関数
 Ⅰ 比例 → Ⅲ 1次関数 → Ⅳ 2次関数
 Ⅱ 反比例

(注) Ⅰ は $y = ax + b$ で $b = 0$ の場合です。

反比例のグラフ

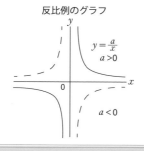

$y = \dfrac{a}{x}$
$a > 0$

$a < 0$

$y = ax^2$ のグラフ

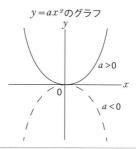

$a > 0$

$a < 0$

POINT

変数 x の値と y の値が 1 対 1 対応の関係にあるとき「y は x の関数」といいます。この関係は $y = ax + b$ や $y = ax^2$ といった式を、わずかな文字を自由に使って表せます。

高校で習った数学を思いだそう・数量編

微分積分の登場でさらに数学の世界が広がる

　算数では実数の正の有理数だけでしたが、中学の数学で負の数と無理数の平方根（$\sqrt{}$）を学びます。そのおかげで2次方程式や三平方の定理を理解することができました。これを整理すると【図A】のようになります。高校の数学では実数以外に「虚数（きょすう）」を学び、さらに幅広い計算ができるようになります。高校の数学が大変なのは、文字を使った十分な計算力と、実生活とはかけ離れた世界でのロジカルな思考を求められるからです。現実に存在しない目に見えないことを、抽象的な考えで想像し、しかもしっかりとした計算力が必要になってきます。

　式の計算では、乗法の公式と因数分解が出てきます。ある程度の練習をしないと解けない問題がかなりあります。1次不等式・2次不等式・2次方程式を学びますが、2次方程式の解の公式がひとつの山場となっているといっていいでしょう。2次方程式の公式をいつでも自力で導き出せるようにしておくと、高校の数学が楽しくなってきます。

　もしこの**2次方程式の公式を無理やり「暗記」しようとすると、途中で数学が嫌になってしまうかもしれません。**

　数量のもうひとつのハイライトは「微分」です。この微分を理解するキーワードは「極限値」です。「xの関数 $f(x)$ から、その導関数 $f'(x)$ を求めることを微分する」といいます。$f(x)$ が $x = a$ のときの微分係数は、$f'(a)$ です。これを式で表すと、$f'(a) = \lim_{h \to 0} \dfrac{f(a+h) - f(a)}{h}$ になります。これをグラフで示すと【図B】のようになります。h は x の変化量、$f(x+h) - f(x)$ は y の変化量、h を限りなく0に近づけると、点Aは $y = f(x)$ の接点となっていきます。

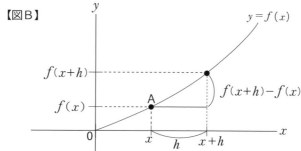

【図A】

$$実数 \begin{cases} 有理数 \begin{cases} 整数〔-2, -1, 0, 1, 2, \cdots\cdots〕 \\ 有限小数〔\frac{1}{2}=0.5, \frac{5}{4}=1.25, \cdots\cdots〕 \\ 循環小数〔\frac{5}{3}=1.666\cdots \frac{5}{6}=0.833\cdots〕 \\ (無限小数) \end{cases} \\ 無理数(循環しない無限小数)〔\sqrt{2}, \sqrt{3}, \pi, \cdots\cdots〕 \end{cases}$$

2次方程式の解の公式

$ax^2+bx+c=0$ の解は $b^2-4ac \neq 0$ とき
$$x=\frac{-b\pm\sqrt{b^2-4ac}}{2a}$$

【図B】

$y=f(x)$

$f(x+h)$

$f(x)$

A

$f(x+h)-f(x)$

0　x　h　$x+h$

2次方程式の解の公式は
しっかりと導く方法を
覚えておきましょう

POINT 高校の数学は理屈がわかれば、あとは少し頑張って計算練習をすると、かなりの問題が解けるようになります。ひらめきだけでなく地味な練習も欠かせないのです。

高校で習った数学を思いだそう・図形編

平面を中心とした三角形に関した定理や公式

　高校の数学では平面図形の性質を本格的に学びます。三角形と円に関する様々な定理が登場し、それを証明することにより、論理的な思考力を養う練習になります。時々、「高校の数学なんて社会に出て活用する場面はあまりない！」という人がいます。しかし証明問題に慣れると、仕事の段取りがよくなるだけでなく、世の中の出来事を整理して考えるのが苦にならなくなります。

　高校で学ぶ三角形に関した主な定理を紹介してみましょう。右のページの①から⑦です。まずは**「①中点連絡の定理」「②三角形の重心」「③三角形の内心」「④三角形の外心」**が挙げられます。⑤は**「チェバの定理」**と呼ばれています。△ABCの辺BC、CA、AB上にそれぞれ点P、Q、Rがあり、3直線AP、BQ、CRが1点で交わるとき$\frac{BP}{PC} \cdot \frac{CQ}{QA} \cdot \frac{AR}{RB} = 1$となります（120ページ参照）。⑥は**「円周角の定理」**です。1つの弧に対する円周角の大きさは一定であり、その弧に対する中心角の半分です。⑦は**「方べきの定理」**で、点Pを通る2直線が、円Oとそれぞれ2点A、B、2点C、Dで交わるとき、PA・PB＝PC・PDとなります。

　「三角比」も高校の図形で重要です。$\sin A = \frac{a}{c}$（正弦）、$\cos A = \frac{b}{c}$（余弦）、$\tan A = \frac{a}{b}$（正接）です。この三角比のおかげで、測量技術は飛躍的に発展したと言われています。地図を作るときだけでなく、地球の半径や月までの距離を測ることもできます。

　三角比を中心とした公式・定理は「⑧三角比の相互関係」「⑨正弦定理」「⑩余弦定理」「⑪三角比で三角形の面積を求める公式」「⑫ヘロンの公式」などが挙げられます。

高校で学ぶ三角形に関する主な定理

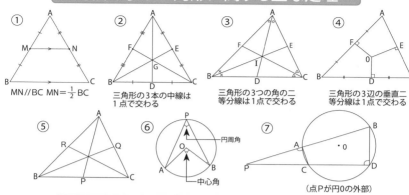

① MN//BC MN=$\frac{1}{2}$BC

② 三角形の3本の中線は1点で交わる

③ 三角形の3つの角の二等分線は1点で交わる

④ 三角形の3辺の垂直二等分線は1点で交わる

⑤

⑥ 円周角 / 中心角

⑦ （点Pが円0の外部）

三角比を中心とした公式・定理

⑧三角比の相互関係

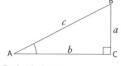

$$\tan A=\frac{\sin A}{\cos A}、$$
$$\sin^2 A+\cos^2 A=1$$

⑩余弦定理

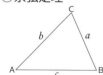

$$a^2=b^2+c^2-2bc\cos A$$
$$b^2=c^2+a^2-2ca\cos B$$
$$c^2=a^2+b^2-2ab\cos C$$

⑨正弦定理

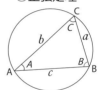

$$\frac{a}{\sin A}=\frac{b}{\sin B}=\frac{c}{\sin C}=2R$$

（Rは△ABCの外接円の半径）

⑪三角比で面積を求める公式

$$S=\frac{1}{2}bc\sin A=\frac{1}{2}ca\sin B=\frac{1}{2}ab\sin C$$

⑫ヘロンの公式
3辺 a、b、c が与えられたとき
△ABCの面積S

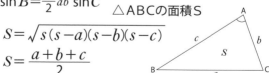

$$S=\sqrt{s(s-a)(s-b)(s-c)}$$
$$S=\frac{a+b+c}{2}$$

POINT

三角形に関した定理や公式を覚えるだけでなく証明ができるようにすることが大切です。三角比は図形ですが、関数へと発展していくことも覚えておきましょう。

高校で習った数学を思いだそう・関数編

2つの量の関係をひとつの式で表す関数

　中学までは1次関数と2次関数のほんの入り口までを学びました。高校ではいろいろな関数が出てきます。1次関数や2次関数を学んで気づいた方もいると思いますが、**関数は数量と図形が融合している項目と考えていいでしょう。**2つの変数 x と y が1対1で対応していくのは数量と考えられますが、これをグラフに書くことが可能になります。ここから図形の要素が入ってきます。2次関数 $f(x) = y = x^2$ の下記の対応表にもとづいてグラフをかくと【図A】のようになります。

x	-4	-3	-2	-1	0	1	2	3	4
y	16	9	4	1	0	1	4	9	16

　このとき、0と1、1と2、さらに0と−1、−1と−2の間を限りなく細分化すると、その間は連続してつながることを、中学のときは暗黙の了解の上に放物線を書いていました。関数は連続した線になっていることに注目してください。極限値と同様「限りなく…」という抽象的な思考を求められます。具体的に目に見える「点」ではなく、頭の中で想像して組み立てる作業をしなくてはなりません。「数学ムリムリ」となる場面です。

　しかし、ここでちょっと頑張ってロジカルな解説についていくと、論理的・抽象的思考力が身についてくるので、大学での学びの範囲が広がってきます。**高校の数学で学ぶ代表的な関数には、「①2次関数」「②三角関数の定義」（【図B】）、「③ $y = \cos\theta$ のグラフ」「④加法定理」「⑤指数関数」「⑥対数関数」のような項目があります。**

【図A】

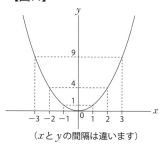

（xとyの間隔は違います）

① 2次関数 $y = ax^2 + bx + c$ のグラフの

頂点 $\left[-\dfrac{b}{2a}, -\dfrac{b^2 - 4ac}{4a}\right]$

【図B】

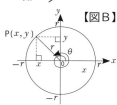

② 三角関数の定義
　図Bグラフより

$$\sin\theta = \frac{y}{r} \quad \cos\theta = \frac{x}{r} \quad \tan\theta = \frac{y}{x}$$

この3つをまとめてθの三角関数といいます。

③ $y = \cos\theta$ のグラフ

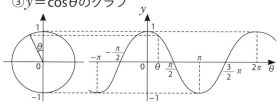

⑤のグラフ

④ 加法定理

正弦… $\begin{cases} \sin(\alpha + \beta) = \sin\alpha\cos\beta + \cos\alpha\sin\beta \\ \sin(\alpha - \beta) = \sin\alpha\cos\beta - \cos\alpha\sin\beta \end{cases}$

余弦… $\begin{cases} \cos(\alpha + \beta) = \cos\alpha\cos\beta - \sin\alpha\sin\beta \\ \cos(\alpha - \beta) = \cos\alpha\cos\beta + \sin\alpha\sin\beta \end{cases}$

⑤ 指数関数
　$a > 0$、$a \neq 1$ のとき $y = a^x$ で表される関数
　を、aを底とする指数関数といいます。

⑥ 対数関数

$a > 0$、$a \neq 1$、$M > 0$、$a^p = M \Longleftrightarrow \log_a M = P$、

$a^p = M$ とするとき、実数Pが1つ決まる。このPを $\log_a M$ と表し、aを
底とするMの「対数」という。（Mは真数で正の実数）

POINT

関数は2つの量の関係を1つの式で表すことができ、それをグラフで可視化できるという特徴があります。自動車の自動制御装置など、物が動くときに関数が使われています。

高校で習った数学を思いだそう・統計編

世の中のしくみや社会の流れが見えてくる

　高校の数学の中で、近年一番注目されているのが統計といってよいかもしれません。医学の分野ではもうだいぶ前から、ランダム化比較試験（RCT）を行い、これで得たエビデンス（証拠・根拠）をもとに効果的な治療を行っています。教育の世界でも統計などの手法で、適切なエビデンスのもとで、効率のよい教育政策を実行しつつあります。

　ビッグデータを集め、人間に役立つAI（人工知能：Artificial Intelligence）を作ることに、熱い視線が注がれています。高校の統計はデータの相関から、確率分布を利用した本格的な統計学の入口までを学びます。統計は、**主にデータの分析である「記述統計」と、確率を利用した「推測統計」があります。**

　データを整理する時は「度数分布表」と「ヒストグラム」は必須です。データを整理して比べる時、平均値、中央値、最頻値などを使います。また最近、データの散らばりぐあいを見るのに、「箱ひげ図」を用いることがよくあります。

　1年A組30人の1か月の読書時間を調べ、それを箱ひげ図にすると【図A】のようになります。箱ひげ図は、分布の散らばりぐあいが一目でわかるという利点があります。そして箱の部分にデータが集中していることがよくわかります。**統計には他に「推測統計」と呼ばれているものもありますが、テレビの視聴率や選挙の出口調査で、推測統計は大活躍しています。**統計調査には全数調査と標本調査がありますが、推測統計は標本調査です。全体の中から一部を抜き出して、標本平均の分布から、確率分布を利用して正規分布曲線を求めます（図B）。

度数分布表

読書時間(時間)	度数
以上〜未満	
0〜4	2
4〜8	4
8〜12	4
12〜16	6
16〜20	3
20〜24	1
計	20

ヒストグラム

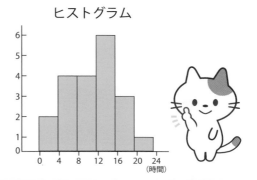

第3章

データを整理して比べるとき、平均値、中央値、最頻値などを使います

Ⅰ 平均値 (データの値の総和) ÷ (データの値の個数)

Ⅱ 中央値 (メジアン) データのすべての値を小さい順に並べたとき、中央の順位にくる値

Ⅲ 最頻値 (モード) データーを度数分布表に整理したとき、度数が最も多い階級の階級値

Ⅳ 最近データの散らばりぐあいを見るのに、「箱ひげ図」を用いることがよくあります【図A】

【図B】
正規分布曲線の例

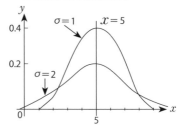

① 直線 $x = 5$ に関して対象、y は $x = 5$ のとき最大値

② 曲線の山は標準偏差 σ が大きくなるほど低くなり、横に広がる。対称軸 $x = 5$ の周りに集まる

③ x 軸を漸近線とする

【図A】

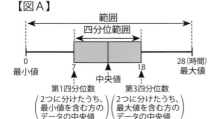

POINT

統計学は「天気予報」など日常生活に密着している学問です。最近注目されているＡＩ(人工知能) の世界も統計学を活用して発展してきた分野です。

中学・高校の数学で知っておきたいポイント

日常生活で役立つ基礎的な知識を身につける

　一定の計算力が身についていないと、2次方程式や2次不等式・数列といった計算をするのが苦痛になってきます。解き方はわかっていても、計算は途中1か所でも間違えると正解とはなりません。できる・できないが非常に単純な形で表面化してしまいます。計算して最後の答えが間違ってしまうと、たいがいの人は悲しくなり、気力がうせてしまいます。**数学は他の教科と比べ、計算力を鍛えると、脳に適度な刺戟を与えることがわかっています。一方、定理の証明は論理的思考力を養うのに最適な学びです。**2020年から小学校でプログラミングを導入するとのことですが、高校の数学でかなり養うことができます。図形の定理だけでなく、数と式や関数に関する公式の証明問題もかなりあります。一時期「数学は暗記だ！」とも言われましたが、2つの理由で私は受験生には勧めませんでした。高校の数学の定理や公式は高3まで含めると、かなりの数になります。さらに図形に関した定理、三角関数や微分・積分の定理や公式だけでなく、文字や式を使ったベクトル・数列・統計などの公式も出てきます。暗記が得意な人でも数字や文字中心の記号を覚えるのは、相当苦痛です。普通の人なら「数学って大嫌い！」となってしまいます。無理に覚えようとすると学ぶ面白さが半減してしまうのが1つ目の理由です。必要最低限の定理や公式は覚えますが、自分でそれらを導き出す手順をトレーニングによって、頭に入れてしまうとよいでしょう。

　定理や公式を丸暗記するのではなく、自分でそのつど「証明」するのです。丸暗記に頼ると、理窟で考えることが苦手になってしまう、これが2つ目の理由です。

曲線間の面積を求める公式

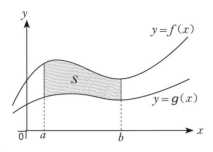

区間 $a \leqq x \leqq b$ において $f(x) \geqq g(x)$ であるとき、2曲線 $y = f(x)$、$y = g(x)$ と2直線 $x = a$、$x = b$ で囲まれた図形の面積 S は、

$$S = \int_a^b \{f(x) - g(x)\} dx$$

曲線間の面積を求めるには、計算力や抽象的思考が必要です。図形の知識も「微分積分」には必要です。

中学の数学と高校の数学

【中学の数学】

文字式・方程式・関数そして図形の性質と証明の初歩

【高校の数学】

知っていると得をするベーシックなリベラルアーツ（一般教養）の入口、といった内容が主流となります

中学や高校で学ぶ数学は大人になってから無関係であると思われがちですが、日常生活とは密接な関係があるのです！（第4章参照）

POINT 最低限必要な知識を算数で身につけ、仕事や自分の趣味の領域を広げる数学を中学で学びます。高校の数学は"一般教養の入口"といった内容が主流となります。

モンティホール問題

当たりを引く確率がアップする考え方

　あるゲームでA、B、Cの３つの封筒があります。その中にはひとつだけ的中の文字が入っている封筒があります。主催者はどこに的中の文字が入っているかを知っています（この場合Cが的中とします）。封筒が３つなので、このゲームのプレイヤーが的中の文字が入った封筒を引き当てる確率は $\frac{1}{3}$ です。プレイヤーがAの封筒を選んだ後、司会者は「外れの封筒はBです」と教えてくれました。そして「あなたは封筒の選択をCに変えることもできます。Aのままにしますか、それとも変えますか」と言いました。プレイヤーはそのままAにしたほうがいいのでしょうか、それともCに変更したほうがいいのでしょうか。

　このゲームで最初に選んだAが的中かどうかは、３つのうち的中の封筒は１つだけなので、封筒を変えても変えなくても確率は $\frac{1}{3}$ と考えたくなります。

　まず封筒を変えない場合を考えてみましょう。変えないのですから、外れの封筒を教えてもらっても的中の確率は $\frac{1}{3}$ のままです。

　では封筒の選択を変更するケースを考えてみましょう。最初にAを選んだケースです。主催者はCが的中なのでBが外れと教えてくれます。AからCに変更するのですから的中となります。次にBを選択したケースはどうでしょうか。Cが的中なので、主催者はAが外れだと教えてく

モンティホール問題は次のページで紹介している、「ベイズの定理」における事後確率、あるいは主観確率の例題のひとつとして有名です。

れます。プレイヤーがAからCへ変更することになりますので、こちら
も的中となります。最初から的中のCを選択していたケースではどうで
しょうか。主催者は外れであるAかBの封筒が外れであることを教えて
くれます。Aが外れだと教えてくれれば、プレイヤーはCからBへ、B
が外れだと教えてくれればプレイヤーはCからAへと変更することにな
ります。この場合は外れとなります。

　**このように変更したケースは最初から的中を選んでないパターン以外
が的中となり、その確率は$\frac{2}{3}$となります。選択を変更しないケースは
$\frac{1}{3}$なので、選択を変更した場合のほうが的中する確率が上がることが
わかります。**

　これはアメリカのテレビ番組で初めて出された問題で、司会者の名前
がモンティ・ホールだったため、「モンティホール問題」として知れ渡
ることになりました。

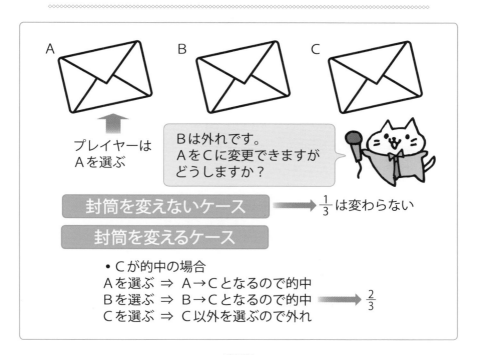

A

B

C

プレイヤーは
Aを選ぶ

Bは外れです。
AをCに変更できますが
どうしますか？

封筒を変えないケース　⟶　$\frac{1}{3}$は変わらない

封筒を変えるケース

・Cが的中の場合
Aを選ぶ ⇒ A→Cとなるので的中
Bを選ぶ ⇒ B→Cとなるので的中 ⟶ $\frac{2}{3}$
Cを選ぶ ⇒ C以外を選ぶので外れ

ベイズの定理

「赤玉1つと白玉2つ入っている箱があります。この中から2回玉を取り出して、2回とも白玉を引く確率を求めなさい。ただし、1回引いた球は元の箱に戻すことにします」このような問題があった場合、その確率は $\frac{2}{3} \times \frac{2}{3}$ で求めることができます（100ページ「乗法定理」参照）。このような確率を「独立試行の確率」といいます。それに対し「条件付確率」という考え方があります。「条件付確率」は「ベイズの定理」の考え方を基本としています。「ベイズの定理」は18世紀初め、イギリスの統計学者であったトーマス・ベイズによって提唱され、彼の死後、イギリスの統計学者であるフランク・ラムゼイによって体系化された理論です。

　ベイズ定理の特徴は何か事が起こる前に、過去に起こったことの確率を元にし、これから起こる確率を予想するという考え方です。**最近AI（人工知能）棋士が囲碁や将棋の世界でプロ棋士に勝つようなニュースを聞きますが、このAIもベイズの定理の考え方を活用したものといえます。**

第4章

日常生活に活用
されている数学

銀行の複利法の計算は等比数列で求められる

　銀行にお金を預けると利子がつき、ある一定の時期を過ぎると利子を上乗せした金額を受け取ることができます。同じように銀行からお金を借りると利子がついてしまい、借り入れした期間に応じて借りた金額に対する利子と、借り入れした金額を合わせた金額を支払わなければなりません。**利子には元金だけに対し次期の利子を計算する「単利法」と、一定期間ごとに利子を元金に繰り入れ、その合計額を次期の元金として利子を計算する「複利法」があります。**金額 a 円を年利率 r で預金したとき複利法によれば 1 年後→ $a(1+r)$、2 年後→ $a(1+r)^2$、3 年後→ $a(1+r)^3$、…という等比数列になります。等比数列とは 1, 2, 4, 8, 16 …のように一定の数（この場合 2）を次々かけて得られる数列のことです。**「初項 a から始めて、一定数 r を次々かけて得られる数列」**です。複利法で年利率 2％で100万円を 7 年間預金したときの、7 年後の金額を計算してみましょう。次の式で求められます。

　$1,000,000 \times (1+0.02)^7 = 1,000,000 \times 1.02^7 = 1,149,000$ で、114万9000円となります（$1.02^7 = 1.149$ としています）。

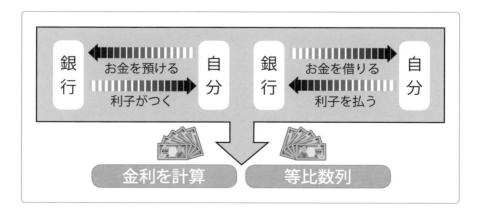

日常生活に隠れている確率やデータ

　日常生活で何気なく起きている様々な現象を確率で考えると、もうひとつ違った見方ができます。ゴルフのホールインワンはどのような頻度で出現しているか興味深いですね。ゴルファーにとってホールインワンを達成することは夢かと思います。**ゴルフの上達度にもよりますが、達成できる確率は1000万分の1といわれています。**その確率はなんと雷に打たれる確率とほぼ同じなのです。いかにホールインワンが珍しいことであることがわかります。1000万分の1という確率で思い出すのは年末のジャンボ宝くじです。**2019年の年末ジャンボ宝くじの1等賞金は7億円でした。その当選確率は2000万分の1といわれています。当せんするのが大変難しいことがわかります。**

　男の子が生まれるか、女の子が生まれるかも、厚生労働省が発表しているデータから読み解くことができます。単純に考えれば男女が生まれる確率は2分の1ですが、現実のデータからは男の子が生まれる確率は約51%、女の子が生まれる確率が約49%となっています。平均寿命が女性のほうが長いからなのでしょうか。

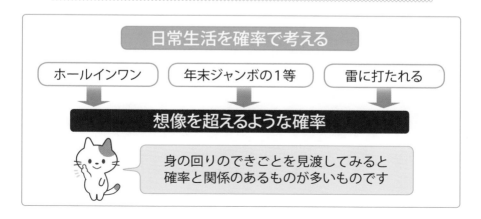

日常生活を確率で考える

ホールインワン　　年末ジャンボの1等　　雷に打たれる

想像を超えるような確率

身の回りのできごとを見渡してみると
確率と関係のあるものが多いものです

生命保険料は企業が損をしないようになっている

　多くの人たちが加入している生命保険ですが、その保険料は過去の統計データから算出されています。消費者の立場からすればなるべく安い保険料で多くの保険金を受け取りたいものです。しかし消費者に有利な保険金と保険料を設定すると、保険会社は採算が合わなくなり、企業として存続することが難しくなってしまいます。一定期間における性別や年齢別の生存・死亡の状況をまとめた、厚生労働省が発表している「生命表」という統計データがあります。これを基本として、生命保険会社は保険料を決めています。生命表からは、ある年齢の人は今後どのくらいの期間を生きることが可能なのか、1年以内の死亡率はどれくらいなのかを知ることができます。**死亡率が高くなればそれに比例して保険金の支払い金額も増えていきます。反対に死亡率が低ければ、保険金の支払い金額は減少します。**死亡率が高いと保険料は高く設定され、死亡率が低いと保険料は低く設定されるのです。このような統計データによって、保険会社は消費者から納められた保険金とのバランスをとって成り立っているのです。

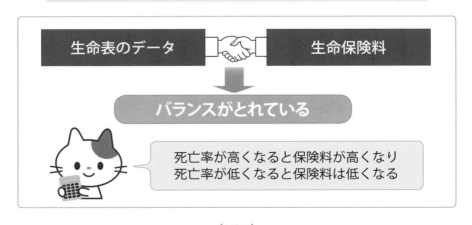

じゃんけんで勝つ確率はどれくらい

　AとBがじゃんけんをしてAが勝つ確率はどれくらいでしょうか。2人でじゃんけんをしたケースでは、その組み合わせは3×3で9通りの組み合わせがあります。Aがグーで勝利のときはBはチョキ、Aがチョキで勝利のときはBはパー、Aがパーで勝利のときはBはグーとなり、Aが勝利する組み合せは3通りですので、Aが勝つ確率は9分の3、すなわち $\frac{1}{3}$（0.333…）となります。

　では、A、B、Cの3人で同時にじゃんけんをしたとき、A一人だけが勝つ確率はどれくらいになるでしょうか。

　3人で同時にじゃんけんをした場合の組み合わせは3×3×3で、27通りの組み合わせが考えられます。

　その組み合わせの中で、一人の人が勝っている組み合わせはAがグーで勝利のケースはBCがチョキ、Aがチョキで勝利のケースはBCがパー、Aがパーで勝利のケースはBCはグーとなり、**全部で3通りです。**すべての組み合わせが27通りですから $\frac{3}{27}$、すなわち $\frac{1}{9}$（0.111…）ということになります。

3人でじゃんけんをするとその組み合わせは27通り

1人が勝つ組み合わせは3通り

Ⓐ　　Ⓑ　　Ⓒ　　　　Ⓐ　　Ⓑ　　Ⓒ　　　　Ⓐ　　Ⓑ　　Ⓒ

医者が同じ飛行機に乗っている確率

　交通機関を利用しているときに、急に具合が悪くなってしまうことは珍しいことではありません。「お客さまの中でお医者さまはいらっしゃいませんか？」というシーンを映画やテレビドラマなどで見かけますが、どの程度の確率で医者と出会うことができるのでしょうか。

　2019年の厚生労働省のデータによると、全国の医師の数が過去最高の約32万人となっています。2019年の日本の総人口は、統計局のデータでは約1億2618万人となっています。**1000人あたり約2.5人で0.25％の割合であることがわかり、医者でない人の割合は99.75％ということになります。**

　400人が乗っている飛行機があったとしましょう。400人×0.25％を計算すると1人ということになります。400人以上の人が乗っている飛行機であれば計算上、医者に出会うことができることなります。新幹線では満員の場合1車両に約100人、1編成（16両編成）では約1600人が乗車しているので、4人程医者が同じ電車に乗車している計算になります。

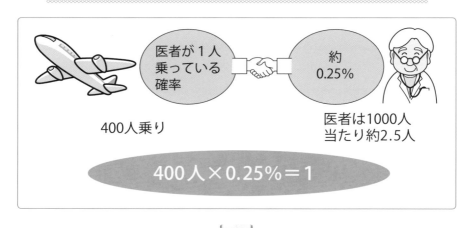

医者が1人
乗っている
確率

約
0.25％

400人乗り

医者は1000人
当たり約2.5人

400人×0.25％＝1

弧度法と度数法っていったい何?

円の一周を360度とする「度数法」は多くの人が知っていると思います。しかし「弧度法」はあまり聞き慣れない言葉ではないでしょうか。**しかしこの「弧度法」を使うと角度に関する計算がシンプルになります。**

半径と同じ長さの弧に対する中心角をとり、これを単位とする角の表し方が「弧度法です」。**【図A】において弧の長さは中心角に比例しますから、 $r:2\pi r = \alpha:360$ $\alpha = \frac{180°}{\pi}$ により $\alpha = 57.29°$ この α は「円の半径に関係しない一定の角」**となります。半径の大きさにとらわれないということになり、応用範囲が広がるというのがポイントです。

この α を1ラジアン(1R)といいます。$1R = \frac{180°}{\pi}$ から $180° = \pi R$、$360° = 2\pi R$ となります。

弧度法を使うメリットを度数法と比較して簡潔に示すと【図B】のようになります。(注)180°は弧度法では π(ラジアン)となる。

ここでは詳しい説明は割愛しますが、高校数学で登場する三角関数の極限などの計算は弧度法を使うと簡単に速くできることが予想できます。三角関数は物理などへの応用範囲が広まっています。

【図A】

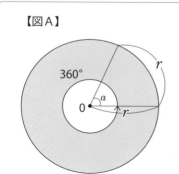

【図B】
半径 r、中心角 α の扇形の弧の長さと面積
(180 = π とすると、弧度法の表示になる)

	弧の長さ	面 積
度数法	$\dfrac{\alpha \pi r}{180}$	$\dfrac{\alpha \pi r^2}{360}$
弧度法	αr	$\dfrac{\alpha r^2}{2}$

ハチの巣の六角形やサッカーボールの展開図

　日常生活において、モザイク模様を探してみると、一見正多角形のように見えても実は多角形の組み合わせであったりします。**このモザイク模様（平面充塡の場合）ですが、そこで使われている正多角形は正三角形、正方形、正六角形の3種類しかありません。**これは数学的にもすでに証明されています。ハチの巣はなぜ正六角形をしているのでしょうか。4世紀前半のギリシャ時代に活躍した数学者のパップスは「巣には外から侵入するものがあってはならないので、多角形でいうと正三角形か正方形、正六角形でなければならない。その中でも正六角形は面積が大きいので、ハチが蜜を蓄えるには適している」と考えました。ハチは本能的にどうすれば無駄のないハチ蜜を貯蔵できるかを知っており、巣を正六角形にしたのではないかと考えられています。

　正六角形が隠れている有名なものにサッカーボールがあります。サッカーボールは球に見えますが、普通は正五角形12個と正六角形20個から作られているのです。**サッカーボールを展開すると、黒い正五角形を取り巻くように、白い正六角形が配置されています。**

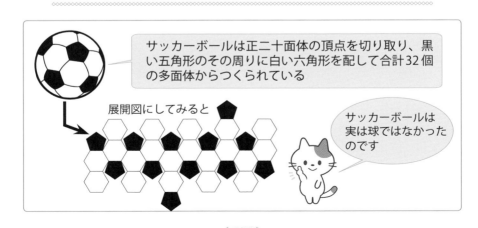

サッカーボールは正二十面体の頂点を切り取り、黒い五角形のその周りに白い六角形を配して合計32個の多面体からつくられている

展開図にしてみると

サッカーボールは実は球ではなかったのです

赤道が基準のメートル法

　長さを表す単位として日本ではメートル、キロメートル、センチメートルを使っています。これをメートル法といいます。メートル法は18世紀末のフランスにおいて、全世界で共通に使える統一された単位制度の確立を目指して制定されました。**地球の北極点から赤道までの子午線弧の長さの1000万分の1の長さを1メートルとしたのです。これにより地球の円周は約4万キロメートルとなるように定義されたのです**（厳密には地球は球体ではなく、回転楕円体に近い形をしているので、実際の寸法には多少の誤差はあるといわれています）。

　フランス以外の国もメートル法に興味をもち始め、1867年のパリ万国博覧会のとき、パリに集まった学者の団体がメートル法を国際統一にする決議を行い、徐々に世界に広がっていったのです。ヨーロッパに対してアメリカでは政府が協力的ではなく、メートル法は未だにほとんど普及せず、ヤード・ポンド法を採用しています。**2019年現在、ヤード・ポンド法を採用している国はアメリカの他ではミャンマーとリベリアだけですが、この2国もメートル法の採用に動きつつあります。**

地球の北極点から赤道まで子午線の長さの1000万分の1の長さ

メートル法

2019年現在、ヤード・ポンド法を採用してるのはアメリカ・ミャンマー・リベリアの3国だけです

第4章

主観確率と客観確率の違い

　コインを投げて表が出る確率は$\frac{1}{2}$です。サイコロを振り、1の目が出る確率は$\frac{1}{6}$です。この$\frac{1}{2}$や$\frac{1}{6}$の確率のことを**「客観確率」**といいます。反対に**「主観確率」**は論理的に検証できない、人間の感情などで左右される確率のことです。たとえば電車の中で隣に座っている人が大学生であるかどうかの確率を考えてみましょう。答えは「大学生である」「大学生でない」の2者択一しかなく$\frac{1}{2}$（50％）と考えがちですが、40％と答える人もいれば、30％と答える人もいます。

　この確率を主観確率といいます。つまり**主観確率では考える人によって確率が変わるのです。**主観確率の考え方はベイズ統計と密接な関係にあります。最初に考えた確率が「50％の人が大学生」としましょう。しかし調査の結果、3人連続して「大学生でない」という結果を得ると「50％の人が大学生」という最初の考え方を修正していく人が多いのです。**ベイズ統計の特徴はこのように、事前に考えられたデータをアップデートしていくという点にあります。パソコンの迷惑メールの振り分けも、この考え方を利用しています**（62ページ参照）。

客観確率	主観確率
＝	＝
人によって変化しない	人によって変化する

主観確率の考え方はベイズ統計と密接な関係があります。AI（人工知能）のもとになる考え方も主観確率と密接な関係にあるといえるでしょう

数式や単位は世界の共通語で便利なもの

日本人は日本語を使います。イギリスやアメリカの人たちは英語（米語）を使います。それぞれの国にはそれぞれの国の言語が存在しています。世界各国、すべての言語を使いこなせる人はそういません。しかし数学の世界は世界共通の言語なのです。１、２、３…という数字はどこの国に行ってもほぼ同じです。＋や－、×や÷という四則計算の記号や、**円周率を表す π や相似を意味する $\backsim$、角度を表す θ の記号など、数学の世界ではどこの国でもほぼ同じです。**

数学が苦手な人は、数式が何を意味しているかが理解できないといいます。しかし＋や－の記号がなければどういうことが起きるでしょうか。「２＋３＝５」と何気なく使っているこの数式も、＋や＝がなければ、「２に３を加えると５になる」といちいち文章にしなければなりません。複雑な数式になると、とても長い文になってしまいます。前出のメートル法の「m」という単位も存在しなければ、いちいち「メートル」と書かなければならないのです。**数学の単位や数式は世界共通の言語であり、非常に便利なものなのです。**

＋　－　×　÷　→　世界共通の言語

数学の単位や数式は世界共通の言語

もし単位や数式が国ごとに異なってたら
世の中は変わっていたかもしれません！

ねずみ講ってどんなしくみなの？

　ねずみ講とは「無限連鎖講」と呼ばれるものであり、連鎖配当組織のことをいいます。現在の日本では、無限連鎖講の防止に関する法律によって、それに該当するものを罰則をもって禁止しています。階層状の組織を形成する特徴から、ねずみ講は「ピラミッド・スキーム」とも呼ばれています。

　ねずみ講とはどんなしくみなのでしょうか。Aが創始者としてBとCの2人の会員を勧誘します。BとCにはそれぞれある金額を入会金として支払ってもらいます。BやCもAと同じように2人でDやE、FやGを勧誘していきます。集められた入会金の半分を紹介者、もう半分は初期のメンバーなどに分配していきます。このしくみはピラミッドの上にいけばいくほど儲かり、下へいくほど儲かりません。

　ねずみ講と似ているしくみに「マルチ商法」があります。人を勧誘して加入する人数が増えていく点は同じですが、ねずみ講は金品（配当）だけが動いています。商品の販売が目的である「マルチ商法」は、「連鎖販売取引」といわれ合法とされています。

ねずみが増え続ける様子に似ていることから「ねずみ講」と呼ばれてます

ネズミ2匹

少し増える

さらに増える

地震のエネルギーは1違うだけで膨大になる

　地震の大きさを示す単位として「マグニチュード」という用語を耳にします。**マグニチュードとは、地震が発生するエネルギーの大きさを対数で表した数値のことです。**揺れの大きさを表す「震度」とは異なります。同じマグニチュードでも震度が違うことはよくあります。震度は各地に設置された震度計の計測値に基づいて決められています。一般的にマグニチュードは $M = \log_{10} A + B$（△、h）（A＝観測点の振幅、B＝震央距離△や震源の深さ h による補正項）という式で表します。log という記号が使われているように、マグニチュードは対数関数で定義されています。マグニチュードはその値が1増すごとに、その地震のエネルギーは約32倍になると計算されています。**2増えると32×32＝1024、すなわち約1024倍と膨大なエネルギーとなるのです。**マグニチュード7はマグニチュード6の約32倍のエネルギー、マグニチュード7.2はマグニチュード7の約2倍のエネルギーです。地震のエネルギーを表すマグニチュードは、たった1つ増えるだけで相当な違いがあるのです。

マグニチュード	震　度

マグニチュードの式

$$M = \log_{10} A + B \ (\triangle, \ h)$$

A＝観測点の振幅
B＝震央距離△や震源の深さhによる補正項

色々な所で活用されているn進法

　日常生活で何気なく使っている「856」や「4329」といった算用数字ですが、これは10進法です。10進法とは0,1,2,3,4,5,6,7,8,9の10個の記号を使ってあらゆる数（量や順序）を表す方法です。8世紀頃にはすでにインドにおいて使われていたという記録が残っていて、13世紀頃になるとヨーロッパに入ってきて定着してきたとされています。**1が10個集まると10、10が10個集まると100、100が10個集まると1000となり、10ずつのかたまりで位が上がっていくのが10進法です。**「856」は$8 \times 10^2 + 5 \times 10 + 6$、「4329」は$4 \times 10^3 + 3 \times 10^2 + 2 \times 10 + 9$という式で表すことができます。

　コンピューターの世界では2進法が使われています。2進法は0と1だけで数を表し、**10進法の1は2進法では1、10進法の2は2進法では10、10進法の3は11、10進法の4は100と表していきます。**中学や高校で2進法を学びますが、コンピューターは＋と－の2つの電荷（0と1）で計算しています。n進法を習得するのは主に、この2進法を理解するためです。

白銀比や黄金比っていったいどんな比?

黄金比という言葉を聞いたことがあるかと思います。「黄金比」は最も美しい比率とされていて、建築や美術品にさりげなく使われている比率のひとつです。**古代ギリシャ時代から黄金比のことは「神の比」とも呼ばれていました。代表的な建築物にギリシャにあるパルテノン神殿やフランスの凱旋門、美術品としてはミロのビーナスなどが有名です。**

黄金比の比率について辞典などには「線分AB上に点Pがあり、AB：AP＝AP：PB　AB×PB＝AP² このような関係にある点Pによる線分ABの分割を黄金分割といい、そのときのAP：PBが黄金比となる」とあります。「黄金比」でできている身近なものに名刺があります。名刺のタテとヨコの比率は「黄金比」になっています。

「黄金比」と同じようにバランスのいい比率に「白銀比」というものもあります。具体的な数値は、1：√2となります。この比率を利用して造られている建造物として、法隆寺の五重塔や金堂が有名です。この「白銀比」は、アニメのキャラクターであるドラえもんや、サンリオのキャラクター、キティちゃんなどにも応用されています。

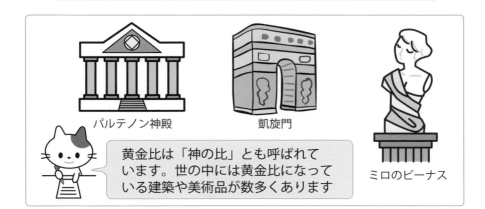

パルテノン神殿

凱旋門

ミロのビーナス

黄金比は「神の比」とも呼ばれています。世の中には黄金比になっている建築や美術品が数多くあります

A用紙、B用紙サイズの由来

　紙のサイズは、一般的にA判、B判が使われています。A判、B判には一定のルールがあります。A判サイズは1929年のドイツの工業規格を、日本工業規格に導入したものです。**A0判の面積を1m²とし、短辺が841mm、長辺が1189mmで、縦横比は1：√2（白銀比）となっています。**A1はA0を半分にしたサイズで、A2はA1を半分にしたサイズとなっています。B判は江戸時代に公用紙であった美濃和紙のサイズがルーツだといわれていて、日本独自の規格です。国際標準化機構で定められているISO B列とは異なる寸法となっています。日本ではB0の寸法は短辺1030mm、長辺1456mmと定められて、A判と同様にB1はB0のサイズの半分、B2はB1サイズの半分になります。それ以外にC判サイズがあることは、あまり知られていません。主に封筒のサイズに使用され、A判サイズと比例関係にあります。他に、書籍の判型に使われる紙のサイズとして、※菊判（152cm×218cm）、※四六判（127cm×188cm）、※ＡＢ判（210cm × 257cm）などがあります。※サイズは一般的なものです。

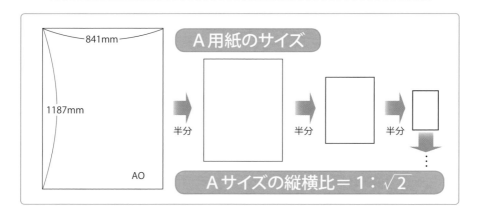

ギャンブルで勝てない理由は期待値にあり

年末になると宝くじ購入のため、行列をなしている姿がテレビなどで映し出されますが、購入したほとんどの人は夢を買うだけで、購入金額を上回らないのが現状です。競馬や競輪のような公営ギャンブルも、JRA（日本中央競馬会）のような胴元がけっして損をしないしくみになっています。宝くじの場合、100円に対して賞金に充てられる金額の割合は約48％です。馬券の場合は種類にもよりますが、多くの場合約75％が払い戻しに充てられます。期待値で表すと100円に対して宝くじの場合は48円、競馬の場合は75円ということになります。**期待値が100を超えない限り、統計学上の計算ではギャンブルは勝てないしくみになっているのです。**胴元が損をしない方式のことを**「パリミュチュエル方式」**といいます。しかし世の中には胴元が必ず儲かるというしくみではないギャンブルが存在します。それが**「ブックメーカー方式」**というしくみです。胴元であるブックメーカーにより掛け率が異なるため、スポーツの結果を対象としたギャンブルですが、予想外の結果から破産に追い込まれたブックメーカーも過去にありました。

宝くじ

期待値は48

競馬

期待値は75

期待値が100を超えないギャンブルは統計学の考え方によると、胴元が儲かりギャンブルをする人は勝てないことになっています！

3囚人問題ってどんな問題?

直感で感じた確率が実は間違っていた?

　60ページで紹介した「モンティホール問題」と似ている「3囚人問題」という有名な話があります。

　確率論の3囚人問題は、アメリカの数学者、マーティン・ガードナーによって1959年に紹介されたものです。

　ある監獄にA、B、Cという3人の囚人がいました。それぞれ独房に入れられています。罪状はいずれも似たりよったりで、近々3人まとめて処刑される予定になっています。ところが恩赦が出て3人のうちランダムに選ばれた1人だけ助かることになったといいます。誰が恩赦になるかは明かされてはいません。それぞれの囚人が「私は助かるのか?」と聞いても看守は答えてくれません。

　そこで囚人Aは一計を案じ、看守に向かってこう頼みました。「私以外の2人のうち少なくとも1人は死刑になるはずだ。その者の名前が知りたい。私のことじゃないんだから教えてくれてもいいだろう?」すると看守は「Bは死刑になる」と教えてくれました。それを聞いた囚人Aは心の中で喜んだといいます。

　Bが死刑になる事が確定した以上、恩赦になるのはAかCのいずれか一方であるはずです。Aが喜んだのはAが恩赦になる確率が $\frac{1}{3}$ から $\frac{1}{2}$ に上昇したからです。

　3囚人問題は、マーティン・ガードナーが書いた「ベルトランの箱のパラドクス」が元になっているのではないかという説があります。

果たして囚人Aが喜んだのは正しいのでしょうか？

もともとAが恩赦になる確率は$\frac{1}{3}$です。BやCが恩赦になる確率も$\frac{1}{3}$です。BかCが死刑になる情報をAに伝えるということは、BかCのどちらかが恩赦になる可能性も教えることになります。ここでいうBが死刑になるということは、Bが恩赦になる確率はゼロになったということを意味しています。それと同時にCが恩赦になる確率が$\frac{1}{3}$から$\frac{2}{3}$に変化したことになります。

AはBが死刑になるという情報を得たのですから、AかCのどちらかが死刑、反対にAかCのどちらかが恩赦になることになります。確かに**心理的にはAが恩赦になる確率は$\frac{1}{2}$になることになりそうですが、実際にはBが恩赦になる確率である$\frac{1}{3}$がCが恩赦になる確率に移動しただけなのです。つまりAが恩赦になる確率は、最初の$\frac{1}{3}$とまったく変**化していないことになります。

中点連結定理

　△ABCの2辺、AB、ACのそれぞれの中点を結ぶ線は、他の1辺に平行です。さらに長さは2分の1となります。この関係を中点連結定理といいます。

　中点連結定理の証明は、中学の図形を理解する上で重要です。

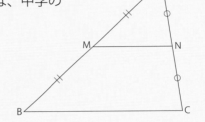

　　　MはABの中点、
　　　NはACの中点。

　中点連結定理は下記のように証明できます。
△ABCの辺AB、ACの中点をそれぞれM、Nとします。MNを延長し、MN＝NDとなる点をDとすると、
△AMN≡△CND（2辺夾角）から、AM＝CDかつAM∥CD、MB＝CDかつMB∥CDとなります。

　四角形MBCDにおいて、1組の対辺が平行でかつその長さが等しいと平行四辺形のになる、という条件で四角形MBCDは平行四辺形となります。

ゆえにBC∥MN
またMN＝NDによって
$\frac{1}{2}$BC＝MN

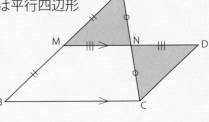

第**5**章

大人が答えられない算数のナゾ

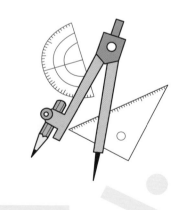

$2\frac{1}{3}$ はなぜ $2 \times 3 + 1 = 7$ で $\frac{7}{3}$ になるの？

タイルを使って視覚的にとらえると理解しやすい

　ここでは帯分数を仮分数にする方法を考えてみましょう。小4になると分数を本格的に学び、$\frac{1}{5} + \frac{2}{5} = \frac{3}{5}$、$\frac{1}{3} + \frac{1}{3} + \frac{1}{3} = \frac{3}{3} = 1$、といった計算ができるようになります。$\frac{1}{3}$、$2\frac{1}{3}$、$\frac{7}{3}$ といった3つ種類の分数があることも覚えます。$\frac{1}{3}$ は真分数、$2\frac{1}{3}$ は帯分数、$\frac{7}{3}$ は仮分数です。**この時やっかいなのは、帯分数を仮分数に、仮分数を帯分数に変換する問題です。たいがいの小学生は、ここでとまどってしまいます。**「$2\frac{1}{3}$ は $2 \times 3 + 1 = 7$ これが分子になり、$\frac{7}{3}$ となる」と学校で教わるのが普通です。要領のよい子どもは、先生が言ったことは正しいことだと信じ、あまり考えないで、やり方だけを覚えてしまいがちです。

　しかし物事を何でもよく考える習慣がついていると、「えっ！　なぜこのやり方で仮分数に直せるのかな？」となり、先へ進むことができなくなる場合があります。もしこのような質問を子どもがしてきたら、ほとんどの大人は、学校で教わったことを思いだし、$2\frac{1}{3}$ の整数の部分と分母をかけ、分子の1をたして、それが仮分数の分子になることを説明するのではないでしょうか。

　タイルで考えると「帯分数⇔仮分数」のことがよくわかります。

　右のページの図は、正方形のタイルを3等分した1つを $\frac{1}{3}$ で表しています。$\frac{1}{3}$ が3本集まると1になります。この図を見ると、$\frac{1}{3}$ が6本とあと1つです。$2\frac{1}{3}$ の2は整数1が2つですから正方形のタイル2個です。タイル1個に $\frac{1}{3}$ が3本あるので、タイル2個では $2 \times 3 = 6$ で $\frac{1}{3}$ のタイルが6本です。$\frac{1}{3}$ があと1本あるので $6 + 1 = 7$ …これは $\frac{1}{3}$ のタイル7本ということです。$\frac{1}{3}$ が7つあつまると $\frac{7}{3}$ になります。

分数の3つの種類

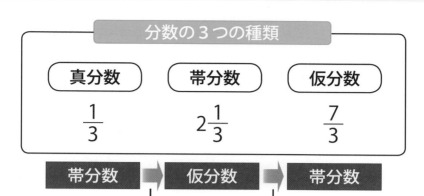

真分数	帯分数	仮分数
$\dfrac{1}{3}$	$2\dfrac{1}{3}$	$\dfrac{7}{3}$

帯分数 ➡ 仮分数 ➡ 帯分数

どうすれば変換できるか多くの小学生はとまどう

$2\dfrac{1}{3}$ はなぜ $2\times3+1=7$ で $\dfrac{7}{3}$ なの？

正方形のタイルを
3等分する

$\dfrac{1}{3}$ のタイルが7本 $=\dfrac{7}{3}$

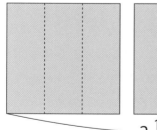 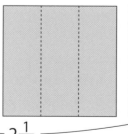 

$2\dfrac{1}{3}$

POINT 何も疑問をもたずに私たちは帯分数と仮分数の変換をしていますが、変換のやり方だけを暗記せず本質を理解することが重要なのです。

第5章

長方形の面積はなぜたて×よこで求めるの？

かけ算でなぜ求められるのかを理屈で考えてみる

「たて5cm、よこ10cmの長方形の面積を求めなさい」という算数の問題の答えを、お子さんが「5+10＝15cm²」とテスト用紙に書いていたら、たいがいの親はびっくりするか、がっかりするのではないでしょうか。

「何で面積求めるのにたし算なんだ。かけ算にきまってるだろ？」と強い口調で言ってしまいそうです。

しかし「どうしてかけ算で面積が求められるの？」とまじめな顔で聞いてきたら、何人の大人が正確に答えることができるでしょうか。

この長方形ABCDを見ただけでは、5cm×10cmでなぜ面積が求めることができるのか、納得がいかない小学生がいても不思議ではありません。小4までに、たし算、ひき算、かけ算、わり算を習っていますから、4つの計算のうちどれかであることはわかります。人間にとって一番身近な計算は「たし算」ですから、この小学生がたし算にした訳がわかります。1辺が1cmの正方形で私たちは面積を求めることを考えます。

この正方形の広さを1cm²の量と決めて、様々な形の面積を求める手続きをしています。長方形ABCDの中に、基準とする1cm²の正方形がいくつあるかを考えることによって面積を求めています。

このことを図で示すと右のページのようになります。この長方形ABCDの中に1cm²の正方形（斜線部分）がいくつあるかをさがします。1つずつ数えると全部で50あるので50cm²です。しかし、もっと簡単に求める方法があります。**1cm²の正方形がたてに5個、よこに10個ですから、たて5個がよこに10あると考えることができ、これは5×10（5が10あつまってる）となるのです。**

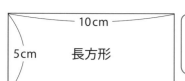

たて5cm、よこ10cmの長方形の面積はいくつになりますか？

5＋10＝15で15cm² だよ！

面積を求めるのだからかけ算だよ

どうしてかけ算で面積がわかるの？

⇒この広さを1cm²とする⇒1つずつ数えると50個あるので50cm²

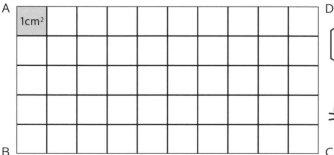

1cm²

A　　　　　　　　　　　　　　　　　D

B　　　　　　　　　　　　　　　　　C

[たてが5個 よこが10個]

POINT 長方形の面積は「たて×よこ」というかけ算で求められるという、常識と思っていることをうまく説明するには、本質を理解しなければ説明できません。

単位のある分数と単位のない分数の違いは何？

分数は小学生にとってはやっかいな数なのです

　分数はテープや正方形のタイルをもとにして、いくつかに「等しく分ける数」という学び方を、低学年でします。1mのテープがあり、それを4等分した1つを$\frac{1}{4}$mと書くことを学びます。

　また【図A】ような正方形で分数を考えることもあります。(A) と (B) の表し方がありますが、(B)は面積を学習した後のほうがいいと思います。(A) は正方形のタイルをタテに4等分しています。分数とは何かを知った後、$\frac{1}{3} + \frac{1}{3} = \frac{2}{3}$、$\frac{2}{4} - \frac{1}{4} = \frac{1}{4}$、　といった計算をします。たし算やひき算ができるので、習いたての頃は、同じ分数同士は計算ができるので、$\frac{1}{4}$ならどれも同じと思うのも不思議ではありません。

　『3年生のよう子さんと1年生の妹のみゆきさんが遊んでいました。おなかがすいたので、冷蔵庫をあけたら昨日のクリスマス会で残ったケーキが2切れありました。直径15cmの丸いチーズケーキを$\frac{1}{4}$に切ったものと、直径10cmの丸いチョコレートケーキを$\frac{1}{4}$に切ったものがありました。よう子さんは、両方とも$\frac{1}{4}$で同じだから、「私チーズケーキもらうね」と言ったら、妹のみゆきさんが「チーズケーキのほうが大きい。チョコレートケーキいやだ」といいました。「だって両方とも$\frac{1}{4}$だよ。学校で$\frac{1}{4} + \frac{1}{4} = \frac{2}{4}$って習ったから、同じ数だよ」「でも大きさちがう。ずるい」』この会話、分数を知らない妹でも、同じ分数$\frac{1}{4}$でも大きさの違いがわかります（【図B】参照）。読者の方はお気づきになったと思いますが、**「もとにする量」が異なった場合は、2つの$\frac{1}{4}$は大きさ（量）が違う**という当り前のことです。違う量で$\frac{1}{4} + \frac{1}{4}$という計算ができないことが、小学生には不思議なことなのです。

1mのテープを4等分する

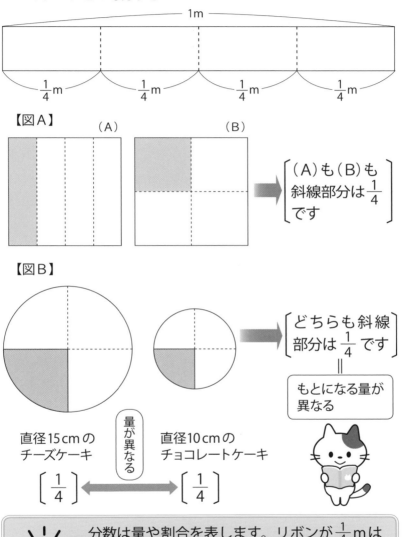

1m

$\frac{1}{4}$m　　$\frac{1}{4}$m　　$\frac{1}{4}$m　　$\frac{1}{4}$m

【図A】

（A）　　　　　　（B）

$$\left[\begin{array}{l}（A）も（B）も\\斜線部分は\dfrac{1}{4}\\です\end{array}\right]$$

【図B】

$$\left[\begin{array}{l}どちらも斜線\\部分は\dfrac{1}{4}\ です\end{array}\right]$$
$$=$$
$$\boxed{\begin{array}{l}もとになる量が\\異なる\end{array}}$$

直径15cmの　　　量が異なる　　　直径10cmの
チーズケーキ　　　　　　　　　　チョコレートケーキ

$\left[\dfrac{1}{4}\right]$　⟷　$\left[\dfrac{1}{4}\right]$

POINT

分数は量や割合を表します。リボンが$\frac{1}{4}$mは量を、クラスの中でサッカーが好きな人が$\frac{1}{4}$いた、これは割合を表します。同じ量または割合のときにだけ、たし算やひき算ができます。

小数同士のかけ算はどうして小数点が左に動くの?

小数点がない場合をまず考えてみる

　3.14×2.6のような小数同士のかけ算は、私たちは無意識に小数点を左に「3ケタ」動かしています。理由は小数第2位と小数第1位なので、ケタ数を合わせると3ケタになるからです。

　しかし、もし子どもから「3.14×2.6の計算は、どうして小数点が左に3つ移動するの?」と質問されたら、すぐに説明できる大人は少ないのではないでしょうか。物事をよく考える子どもは「なぜなの?」と質問しますが、それをきっかけに大人も真実を考え始めることがあります。忙しい日常生活を過ごしていると、つい忘れてしまっていることを思い出させてくれるのが子どもかもしれません。

　小数同士のかけ算を考える前に、整数同士のかけ算をまず考えてみることにします。

```
 12      ×    13     =     156
↓×10       ↓×10         ↓×100
120      ×    130    =    15600
```

　この性質を利用して、次に小数点同士のかけ算、3.14×2.6の計算を考えてみることにします。

```
 3.14    ×    2.6     =    A  ◄─────┐
↓×100      ↓×10         ↓×1000      │
 314     ×    26     =    8164 ─────┘
```

　この計算を【図】のような手順でロジカルに考えていくと、なぜ1000倍するのか、なぜAを求めるには1000でわるかがわかってきます。

【図】

$$3.14 \times 2.6 = \boxed{A} \longleftarrow$$
$$\downarrow \times 100 \quad \downarrow \times 10 \qquad \downarrow \times 1000 \qquad \div 1000$$
$$314 \times 26 = 8164$$

手順

① 3.14 を整数にするために100倍
② 2.6 を整数にするために10倍
③ 314×26 を計算すると8164
④ かける数が100倍と10倍なので、Aを1000倍すると8164になります。
⑤ 8164 を1000でわると元のAに戻ります。

小数点を動かすときの必要な知識

① 200÷10＝20　10でわると200の小数点が左に１つ移動して20になります。
＜ 200. → 20.0 →20 ＞
② 8÷10＝0.8　10でわるとやはり8の小数点が左に１つ移動して0.8になります。
＜ 8. → 0.8 ＞
③ 28.÷100＝0.28　100でわると28の小数点が左に２つ移動します。
＜ 28. → 0.28 ＞

小数同士のかけ算において小数点がどうして左に移動していくのか、その理由を理解すると算数が面白くなります

POINT 小数同士のかけ算をするとき、小数点の移動を理解することが大切です。3.14 × 2.6も、いくつかの予備知識が求められます。算数が積み上げ式の学習といわれるゆえんです。

円の面積はなぜ半径×半径×3.14で求められるの?

円をおうぎ形に分解してその面積を求めてみる

　【図A】は中心Oとする直径10cmの円です。円周を調べようと思ったら、細いひもを周囲に這わせて計ることは小学生でも可能です。

　だいたい31cmの長さになります。**直径の約3.1倍で、どんな大きさの円も同じになり、これを円周率といいます。**円周率を詳しく調べると、3.14159…と続く、循環しない無限小数（無理数）であることがわかっています（この円周率のことを数学ではπで表します・14ページ参照）。**円の面積を求める公式は小学校高学年で学びます。半径をrとすると、円の面積Sは、r×r×3.14で求められます。**

　S＝r×r×3.14 またはS＝πr²となります。

　【図A】では、5×5×3.14＝78.5で面積は78.5cm²です。

　大人なら、ほとんどの人は暗記している公式ではないでしょうか。しかし、どうして「半径×半径×3.14」で円の面積を求めることができるのか、それを説明するのはかなり大変です。本格的に理解しようと思ったら「微分積分」を活用することになるからです。

　ここでは円を等分していく方法を紹介しましょう。

　【図B】の①から③のように8等分、16等分、32等分としていくと④のような長方形に近づいていきます。最初の①の円と④の長方形ABCDの面積は同じになります。

　ABは半径で5cmです。BC＋ADは円周（10×3.14＝31.4cm）です。BCは31.4の半分の15.7となります。これは（10×3.14）÷2＝5×3.14＝15.7と考えることができます。5は半径です。これをrとすると、AB×BC＝r×r×3.14＝3.14r²となります（AB＝r、BC＝r×3.14）。

【図A】

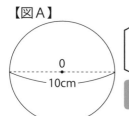

直径10cmの円があります。この円の円周は
どのようにすれば求めることができますか？

円周の長さ＝直径×円周率

円周率 ＝ 3.14159…［循環しない無限小数］

【図B】

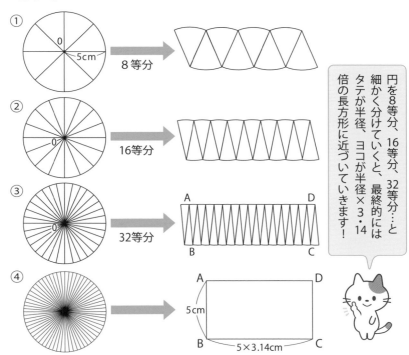

① 5cm 8等分

② 16等分

③ 32等分
A — D
B — C

④
A — D
5cm
B — 5×3.14cm — C

円を8等分、16等分、32等分…と細かく分けていくと、最終的にはタテが半径、ヨコが半径×3・14倍の長方形に近づいていきます！

POINT 円なのに長方形にして面積を考える発想が大切です。円の面積の公式だけを暗記するのではなく、公式を求める過程を理解することによって、柔軟な考えが身につきます。

割合の計算をするとき10%をなぜ0.1に直すの?

線分図を書いて割合の意味を考えてみる

　「200円の10%はいくらですか?」という問題で「式を書きましょう」という指示をすると、「200×0.1＝20」以外に「200÷10＝20」と書く人がいます。前者は正答となり、後者は通常は誤答となります。でも、**200÷10の式の説明を「10%は全体の$\frac{1}{10}$のことなので10で割りました」としたら、それは正答です。**10%＝0.1という等式を、とりあえず暗記して計算することに慣れると、「割合って何だったの?」ということをあまり気にしないようになってしまいます。

　「100円をもとにしたら10円はどのくらいの割合ですか?」これが割合の基本的な問いです。線分図で示すと【図A】になります。もとにする量、100円を1とします。この図だけでは何算なのか、いまひとつわかりません。これを【図B】のような線分図にしてみます。

　100円をもとにすると（1とする）、200円は2になります。式は200÷100＝2。Aは50円÷100円＝0.5　Bは150円÷100円＝1.5　Cは250円÷100円＝2.5　Dは同様に10円÷100円＝0.1　このように式を書き並べると、もとにする量の100円は割る数、割られる数はA、B、C、Dといった、比べられる量となります。**このことから割合の公式は「割合＝比べられる量÷もとにする量」となります。**

　【図C】で100円を全体1とすると、50円は半分ですから$\frac{50円}{100円}=\frac{1}{2}$となります。この$\frac{1}{2}$は割合です。このとき「円」という単位が消えていることに注目しましょう。これを割合の公式に当てはめると50円÷100円＝$\frac{1}{2}$＝0.5となります。【図B】のDは、10円÷100円＝$\frac{10円}{100円}$＝$\frac{1}{10}$＝0.1。0.5や0.1は割合で、量を表した数字とは違います。

【図A】

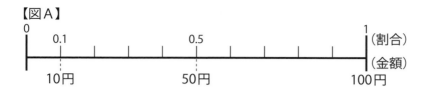

【図B】

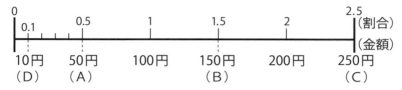

10円　50円　100円　150円　200円　250円
（D）　（A）　　　　　　（B）　　　　　（C）

 全体を1とする

【図C】

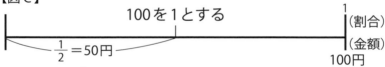

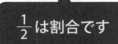

 $\dfrac{1}{2}$ は割合です

$$\frac{50円}{100円}=\frac{50}{100}=\frac{1}{2}$$

 割合を求める公式は「割合＝比べられる量÷もとにする量」です。0.1や0.5という数値は量を表した数値とは異なります

POINT 割合には単位がありません。0.1が割合であることを示すために100倍して10%と表します。これを百分率と言います。そのため計算をするときには、10%を0.1に戻す作業をするのです。

第5章

かけ算やわり算をすると単位はどう変化するの?

数字には単位があることを算数では学びます

　柿が1個、みかんが2個、車が3台、ペットボトルが4本、リボンの長さが50cmといった、**具体的に見えるモノには必ず単位がついています。目に見えない時間や速さにも、1時間、100km/時といった単位がついています。**

「10個のりんごを2人で等しく分けました。1人何個ですか?」これを単位がついた式で表すと、10個÷2人＝5個／人となります。「5個／人」は「1人あたり5個」という意味を表します。「10個のりんごを1人あたり2個ずつ分けました。何人に分けられますか?」これを式に表すと、10個÷2個／人＝5人となります。10個÷2人を分数にしてみると、$\frac{10個}{2人}$ と表せ、数字の部分を約分すると5、単位のところは、$\frac{個}{人}$ となります。$\frac{個}{人}$ を個／人と表し、この単位は「1人あたり○個」を意味します。10個÷2$\frac{個}{人}$ の単位のところだけ取り出すと、個÷$\frac{個}{人}$ となり、これを分数と同じように計算すると、個×$\frac{人}{個}$ で、個は約分するときのように消え、「人」だけになります。

　このことを次に速さで考えてみましょう。「自動車で100km走ったら2時間かかりました。この自動車の速さを求めなさい」これは100km÷2時（間）＝50km/時となります。「1時間あたり50km進む」ことを意味し、この自動車の時速は50kmとなります。

「時速50kmの自動車で3時間走りました。何km走りましたか?」これは50km/時×3時（間）＝150kmとなります。**単位のところだけに注目すると、100km÷2時（間）＝$\frac{100km}{2時（間）}$ で50と $\frac{km}{時（間）}$ になり、これを50km/時と表しています。**

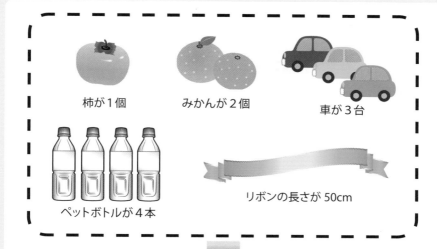

柿が1個　　みかんが2個　　車が3台

ペットボトルが4本　　リボンの長さが50cm

目に見えるモノには必ず単位がついている

1時間　100km/時　など時間や速さ

目に見えないモノにも単位がついている

時間（時）や距離（km）などを単位だけに
注目して考えると、かけ算やわり算では
単位が変化していることがよくわかります！

POINT

単位だけを取り出して計算をすると、単位が
どのように変化し、なぜ時速を表す単位を
「km/時」と書くのかを理解することができま
す（たし算・ひき算は同じ単位になります）。

第5章

非常に大きな数の世界

想像を絶する大きな数字は存在しています！

　巨大数とは、日常生活において使用される数よりも巨大な数（実数）のことをいいます。想像を超える非常に大きな数は、数学、天文学、宇宙論、暗号理論、コンピューターなどの分野で耳にすることが多いものです。よく天文学的数字と呼ばれることがあります。**天文学的数字を大きく上回る数を研究する学問として、巨大数論（googology）というものがあります。**天文学的数字も巨大数と呼ばれていますが、この巨大数論では、特殊な記号を使用することにより、非常に大きな数を表現することが可能となります。ちなみに、巨大数に対して、0ではないが0に限りなく近い正の実数のことを微小数と呼んでいます。

　ここで、よく耳にする数の単位について紹介してみましょう。

　1,000,000はいくつでしょうか。100万ですね。数の単位には一、十、百、千、万、億、兆…があります。兆を超える単位の数字はあまり見かけませんが、数字の単位にはまだ先があります。江戸時代の数学書には、兆の上の大きな単位には京、垓、秄、穣、溝、澗、正、載、極、恒河沙、阿僧祇、那由他、不可思議、無量大数が紹介されています。**1無量大数は69桁の数字で、1の後に0が68個も並ぶ大きな数字になります。**

　数にはいつも目にする「35」や「2019」のような通常の表記の方法

「！」という数学で使う記号があります。これは「階乗」と読みます。4！＝4×3×2×1　3！＝3×2×1という意味です。

があります。また数学で習う「5^2」や「7^3」のような「指数表記」があります。それ以外に、**非常に大きな数の計算を意味する「タワー表記」という表記方法があるのです。「↑」という記号を使います。**この記号の意味は「a↑b」ならaのb乗、すなわちa^bという意味です。

「2↑2」は2の2乗ですから2×2となります。すなわち「2↑2＝4」となります。

では「2↑↑2」はどうなるでしょうか。2の2乗の答えの回数分2をかけるという意味となります。2の2乗は4です。2の4乗は2×2×2×2で16となります。「2↑↑2」でしたら、16というようなそれほど大きな数にはなりませんが、これが「3↑↑3」となっただけで、3の27乗ということになり、7兆6255億9748万4987となります。「3↑↑↑3」となったら、もうどれだけの数になるか想像できないほどの大きな数になってしまいます。

数の単位

1,000,000,000,000,000

↑兆　　↑億　　↑万

数の単位は兆のあと京、垓、秭…と続きます

1無量大数

100,000,000,000,000,000,000,000,000,000,000,000,000,000,000,000,000,000,000,000,000,000,000,000,000,000

0が68個並びます

情報量の単位はビット（bit）⇒バイト（Byte）⇒キロバイト（KB）⇒メガバイト（MB）⇒ギガバイト（GB）⇒TB（テラバイト）⇒ペタバイト（PB）⇒エクサ（Exa）⇒ゼタ（Zetta）…と大きくなります

加法定理・乗法定理

　サイコロを振ったときに1が出る確率は$\frac{1}{6}$であることは理解しやすいと思います。では2回サイコロを振ったときに1回でも1の目が出る確率はどれくらいになるでしょうか（1回目と2回目の確率は独立しているものとします）。

　1回目で1の目が出る確率は$\frac{1}{6}$です。2回目に1が出る確率も$\frac{1}{6}$です。$\frac{1}{6}+\frac{1}{6}$となり$\frac{1}{3}$という確率になります。では1回サイコロを振ると、奇数の目が出る確率はどうでしょうか。奇数は1・3・5です。1・3・5が出る確率はそれぞれ$\frac{1}{6}$ですから、$\frac{1}{6}+\frac{1}{6}+\frac{1}{6}$で$\frac{1}{2}$となります。このように確率をたして求める方法を「確率の加法定理」といいます。

　では2回連続して1の目が出る確率や2回連続して奇数の目が出る確率はどうでしょうか。$\frac{1}{6}\times\frac{1}{6}=\frac{1}{36}$、$\frac{1}{2}\times\frac{1}{2}=\frac{1}{4}$となります。このようにそれぞれの確率をかけ合わせて求める方法を「確率の乗法定理」といいます。

1回目	2回目

1の目　　1の目

$\frac{1}{6}$ の確率　$\frac{1}{6}$ の確率

確率の乗法定理

$$\frac{1}{6}\times\frac{1}{6}=\frac{1}{36}$$

2回連続して
1の目が出る確率

算数と数学の問題を解く

中学入試問題に挑戦してみよう①

与えられた条件を使って解答を導き出す

問題

得点	0	1	2	3	4	5	6	7	8	9	10
人数	1	3	3	4	6	8	6	5	4	4	2

　あるクラスで算数のテストをしました。問題はA、B、C、Dの計4題です。問題Dの正解者は23人でした。配点はAが1点、Bが2点、Cが2点、Dが5点で、正解の場合のみ、その点数を与えました。得点は上の表のようになっています。下記の問題に答えなさい。

（栄光学園中）

① クラスの平均点は何点ですか。ただし小数第2位を四捨五入しなさい。
② 2題答えられた生徒は何人ですか。
③ Aの問題に答えられた生徒は何人ですか。

ちょっとひと休み
一寸法師って本当に小さかったのです

　一寸法師という昔話があります。一寸とは長さの単位です。1寸とは約30.303mm、つまり約3cmの長さです。一寸法師の身長は約3cmということになります。1寸の10分の1を表す単位としては分があります（10分＝1寸）。

答え

① 5.3点　　② 21人　　③ 25人

解説

① この場合クラスの人数と、クラス全員の合計点がわからない
と、平均点を求めることができません。クラスの人数は1＋3
＋3＋4＋6＋8＋6＋5＋4＋4＋2＝46で46人です。合計点は
0×1＋1×3＋2×3＋3×4＋4×6＋5×8＋6×6＋7×5＋8
×4＋9×4＋10×2＝244で244点です。244÷46＝5.304…
より、5.3点となります。

② 2題答えられた点数の組み合わせは、3点→ＡＢまたはＡＣ、
4点→ＢＣ、5点はなし、6点→ＡＤ、7点→ＢＤ、ＣＤ、8
点以上は3題正解になりますので当てはまりません。そうする
と得点3点、4点、6点、7点の生徒が全員2題答できたこと
になります。4＋6＋6＋5＝21で21人となります。

③ 得点が6点以上の人が全員Ｄを正解していることに気がつけ
ばすぐに解けます。Ｄの正解者は23人なので、得点が5点で
Ｄを正解した人数は、$23-\dfrac{(6+5+4+4+2)}{6点以上の人数}=2$で、2人だと
いうことがわかります。またＡが正解なのは1点、3点、5
点、6点、8点、10点です。5点のところは8－2＝6で、Ａ
を正解したのは6人でした。3＋4＋6＋6＋4＋2＝25で、25
人となります。
　　　　　　　　　　　　　↑　↑　↑　↑　↑　↑
　　　　　　　　　　　　　1　3　5　6　8　10
　　　　　　　　　　　　　点　点　点　点　点　点

答えを求めるには、与えられた条件からどの
部分に注目すればいいかが重要になってきま
す。注目すべき箇所に気づくことができれば
答えを導き出すことができます。

POINT

中学入試問題に挑戦してみよう②

全体を1とした割合から目的となる個数を求めていく

問題

次の□にあてはまる数を答えましょう。

ミカンがいくつかあります。A君は全体の $\frac{1}{4}$ と３個をもらい、次にB君は残りの $\frac{1}{6}$ と□個をもらいました。最後にC君が残りのミカンをもらったら、ミカンの個数は３人とも同じになりました。

（聖光学院中）

ミカンの数は？

ちょっとひと休み
ジャイアント馬場の足のサイズは約38cm

履物のサイズを表す単位として「文＝もん」を使っていた時代がありました。１文は約2.4cmです。16文キックで有名だったプロレスラーのジャイアント馬場の足のサイズは2.4×16＝38.4で約38cmとなります。大きな足だったことがわかりますね。

答え

8個

解説

　この問題は相当算といわれているものです。まず線分図をかいてみることにしましょう。A君は全体の$\frac{1}{4}$と3個です。それは全体の$\frac{1}{3}$と同じですから、下記のような図になります。

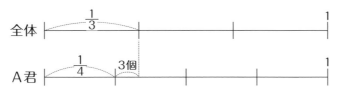

　$\frac{1}{3}$が$\frac{1}{4}$と3個を合わせたものに等しいことになります。$\frac{1}{3}-\frac{1}{4}=\frac{4}{12}-\frac{3}{12}=\frac{1}{12}$で、$\frac{1}{12}$が3個に相当します。

　$3\div\frac{1}{12}=36$で、全体のミカンの数は36個となります。1人分は$36\div3=12$で12個ですから、A君がもらった残りは$36-12=24$で24個となります。

　24の$\frac{1}{6}$は$24\times\frac{1}{6}=4$となり、12個になるようにするには、$12-4=8$で、8個あげなくてはなりません。

　このように、「全体の$\frac{1}{10}$が2個なら、全体は何個になりますか」というような問題を相当算といいます。線分図をかくとよくわかりますね。

POINT

相当算の問題は、与えらえた条件を線分図にしてみると全体像が見えてきます。正しい線分図をかくことができれば、それほど難しい問題ではありません。

中学入試問題に挑戦してみよう③

直接求めることができない面積を求める方法

問題

面積が24cm²の△ABCがあります。点DはABの真ん中の点で、点E、F、GはBCを4等分する点、点H、IはGAを3等分する点です。このとき、△DFHの面積を求めなさい。

（海城中改）

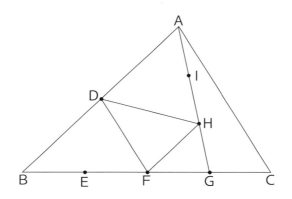

ちょっとひと休み

残り物には本当に福があるの？

"残り物には福がある" ということわざの語源は、人形浄瑠璃の「余り茶には福がある」からきています。何かの順番で我先にという考え方はあまりよくないという戒（いまし）めのときに使われます。確率的には最初に引いたくじと最後のくじの確率は同じです。

答え

4 cm²

解説

　△DFHは、△ABCの各辺と関係なさそうなところに位置しています。こういうときは、△DFHの面積を直接求めない方法（逆転の発想）を考えることが大切です。△ABGはなんとなく求められそうだということがわかれば、△ADHと△DBFと△HFGをひけばよいことに気づくはずです。

　この△DFHの面積は、△ABG－（△ADH＋△DBF＋△HFG）で求められます。

　まず補助線BHを引いてみましょう。

　△ABGは、△ABCの$\frac{3}{4}$ですから、$24 \times \frac{3}{4} = 18$で、18cm²となります。（△ABGと△ABCの高さは共通、BGはBCの$\frac{3}{4}$）

　また△ABHは△ABGの$\frac{2}{3}$なので、$18 \times \frac{2}{3} = 12$で12cm²となります。△ADHはその$\frac{1}{2}$の6cm²です。また△HBGは△ABGの$\frac{1}{3}$なので、$18 \times \frac{1}{3} = 6$で6cm²です。△HFGは△HBGの$\frac{1}{3}$なので$6 \times \frac{1}{3} = 2$で2cm²です。△DBFは、△ABCを$\frac{1}{2}$に縮小した図形ですから、面積は$\frac{1}{4}$になります。

　$24 \times \frac{1}{4} = 6$で△DBFは6cm²となります。

　$18 - (6 + 6 + 2) = 4$で、求める△DFHの面積は4cm²になります。

POINT

△DFHの面積を求めるには、まず△ABGの面積を求めることが必要です。△DFHは△ABGから△ADHと△DBFと△HFGをひいて求めます。補助線BHがひけるかどうかがポイントです。

数学の問題に挑戦①（数の性質）

小学生の算数の知識だけでも解ける問題です

【問題】

　たて 90cm、よこ 1m26cm の長方形の床があります。これに同じ大きさの正方形のコルクを、すきまなくしきつめたいと思います。1枚の正方形のコルクをできるだけ大きくすると、正方形のコルクは何枚必要ですか。

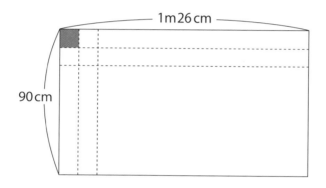

左右対称の答えになる不思議な掛け算

ちょっとひと休み

　1×1は1ですね。では11×11はいくつでしょうか？　121です。では 111 × 111 は？　12321 です。1111 × 1111 は 1234321、11111×11111＝123454321。1 が連続した数同士のかけ算の答えは左右対称の答えになる不思議なかけ算なのです。

答え

35枚

解説

　単位が違うと計算できないので、まず単位をそろえます。よこを1m26cm＝126cmとし、たてを90cmとして考えます。90cmや126cmを、いくつかに等しく分けることに気がつくと解けます。例えば、たてを6でわると、90÷6＝15で、たては15等分できます。またよこは126÷6＝21で21等分できます。1辺が6cmの正方形をたてに15個、よこに21個並べることができます。しかしこの問題には、できるだけ大きなコルクと書いてあります。これがキーワードであることはいうまでもありません。6は90と126の公約数です。次に90と126の最大公約数を求めればよい問題であることに気がつくと解けます。

$$
\begin{array}{cccccccc}
90 & = & \boxed{2} & \times & \boxed{3} & \times & \boxed{3} & \times & 5 \\
126 & = & \boxed{2} & \times & \boxed{3} & \times & \boxed{3} & \times & 7 \\
\hline
& & 2 & \times & 3 & \times & 3 & = & 18
\end{array}
$$

　1辺が18cmの正方形のコルクが一番大きいことがわかります。たてのコルクの数は90÷18＝5で5個、よこのコルクの数は126÷18＝7で7個となりますから、1辺が18cmの正方形のコルクは5×7＝35で35枚必要となります。

POINT この問題のキーワードは約数です。それも最大公約数を求める問題です。問題解決の第一歩は、何がキーワードになっているかを探し出すことです。

数学の問題に挑戦②（関数）

関係式を求めてから問題を解決していく

問題

　下の図のような直角三角形ＡＢＣで、点Ｐは辺ＡＢ上をＢからＡまで動き、点Ｑは辺ＢＣ上をＢからＣまで動きます。点Ｐが動く速さは毎秒3cm、点Ｑが動く速さは毎秒2cmです。動いた時間を x 秒としたときの△ＰＢＱの面積を y cm² として、次の各問いに答えなさい。

① ＢＰの長さを x の式で表しなさい。
② y を x の式で表しなさい。
③ x の変域を求めなさい。

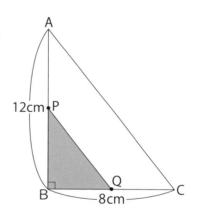

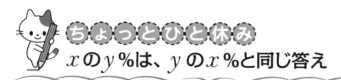

ちょっとひと休み
x の y ％は、y の x ％と同じ答え

　スマホのネット上で面白い関係式を見つけました。x の y ％の答えは y の x ％と同じになるというものです。100の5％は5です。5の100％は5でイコールになります。80の20％はどうでしょうか。16です。20の80％、こちらも16になります。

答え

① $3x$　　② $y = 3x^2$　　③ $0 \leqq x \leqq 4$

解説

三角形の面積の求め方と速さの公式を知らないと解けない2次関数の問題です。

①点Pは秒速3cmですから、ＢＰの長さは$3x$と表せます。
　なお、点ＰがＡまで行くには、12÷3＝4で4秒かかります。

②点Qは秒速2cmですからＢＱの長さは$2x$と表せます。なお、
　点ＱがＣまで行くには、8÷2＝4で4秒かかります。
　$\triangle PBQ = BQ \times BP \times \dfrac{1}{2}$ですから、
　$y = 2x \times 3x \times \dfrac{1}{2} = 3x^2$となります。

③点ＰがＡまで4秒、点ＱがＣまでやはり4秒かかりますから、
　xの変域は$0 \leqq x \leqq 4$となります。
　このグラフは次のようになります。

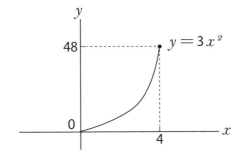

POINT　ＰＢとＢＱの長さがわかれば、△ＰＢＱの面積がわかります。それに気づくことができればＢＰとＢＱをxで表す方法がわかります。図形と関数の融合問題は中学の数学の定番です。

数学の問題に挑戦③（図形）

中点連結定理と相似を使った問題です

問題

　下の図で、四角形ＡＢＣＤは、ＡＤ∥ＢＣの台形です。辺ＡＢの中点を
Ｅとし、Ｅから辺ＢＣに平行な線を引き、ＢＤ、ＣＤとの交点をそれぞ
れＦ、Ｇとします。

　このような条件のとき、次の各問いに答えなさい。

①ＥＧの長さを求めなさい。
②△ＥＢＦと四角形ＦＢＣＧの面積の比を求めなさい。

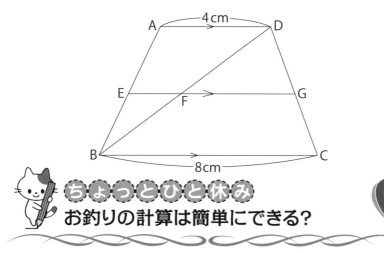

ちょっとひと休み

お釣りの計算は簡単にできる？

　6734円の代金を1万円札で払うときにお釣りの計算をします。
9999－6734＋1で計算すると簡単に計算できます。9999－
6734は3265とすぐ計算できますね。それに1をたせば求める
答えになります。

答え

① 6cm　　② 1：6

解説

① EF＝$\frac{1}{2}$ADなので

　EF＝4×$\frac{1}{2}$＝2、

　FG＝$\frac{1}{2}$BCなので

　FG＝8×$\frac{1}{2}$＝4、

　EG＝EF＋FG＝2＋4＝6

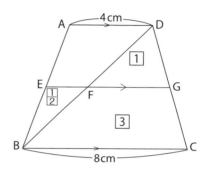

② この台形の高さがわかっていませんから、四角形FBCGや△EBFの面積を求めることはできません。しかし、面積の比は相似比を使って求めることができます。

　　△DFG∽△DBCで、相似比は1：2です。

　　△DFGと△DBCの面積比は $1^2：2^2＝1：4$ となります。また△EBFは△DFGの $\frac{1}{2}$ です（$\frac{1}{2}$FG＝EFで高さは同じ）。

　　△DFGの面積を①とすると△EBFは $\frac{1}{2}$ となり、四角形FBCGは 4－1＝3 で③ となります（△DBC－△DFG＝四角形FBCG）。

　　△EBF：四角形FBCG＝$\frac{1}{2}$：3＝1：6となります。

第6章

POINT 条件がひとつ足りない場合は、比を使うと求めることができる場合があります。②の問題は、面積比は相似比の2乗に比例することを使って解きます。

高校入試問題に挑戦してみよう

【問題】

　下の図は、底辺6cm、高さ8cmの直角三角形を、高さ$\frac{1}{2}$のところで切り取ってできた台形です。この台形を直線ℓを軸として1回転したときにできる、立体の体積を求めなさい。ただし円周率はπとします。

(富山)

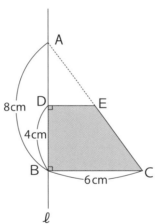

ちょっとひと休み
1001は元の数に戻してしまう不思議な数

　3ケタの数字を2回繰り返した数を1001でわると元の数に戻ります。451という数字で考えてみましょう。451451÷1001＝451。確かに元の数字に戻ります。1001という数字が、千夜一夜と読めるため「シェラザード数」とも呼ばれています。

【答え】

$84\pi\,\mathrm{cm}^3$

【解説】

　△ABCと△ADEは相似で、相似比は2：1となっています。

$DE = \dfrac{1}{2}BC = 6 \times \dfrac{1}{2} = 3$

　△ABCを回転してできた円すいの体積から、△ADEを回転してできた円すいの体積をひいたものが、台形DBCEを回転させてできた立体の体積となります。

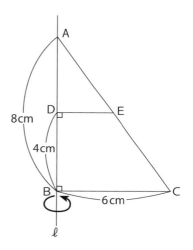

　△ABCを回転させた円すいの体積は、

$6 \times 6 \times \pi \times 8 \times \dfrac{1}{3} = 96\pi$

　△ADEを回転させた円すいの体積は、

$3 \times 3 \times \pi \times 4 \times \dfrac{1}{3} = 12\pi$

$96\pi - 12\pi = 84\pi$ が円すい台の体積になります。

（注）

△ABCと△ADEの相似は1：2なので、それをもとにした円すいの体積比は $1^3 : 2^3 = 1 : 8$ となります。大きい円すい 96π を求めてから $96\pi \div 8 = 12\pi$ として小さい円すいを求める方法もあります。

POINT　台形を回転させてできた立体の体積は、中学までの数学では直接求めることはできません。大小2つの円すいができるので、それをどうすればよいかを考えます。

数学の定理の問題に挑戦してみよう

基本的な数学の定理のひとつ「三平方の定理」

【問題】

　下の図のように、3点、A（2，4）、B（6，8）、C（10，0）を頂点とする三角形をつくりました。次の各問いに答えなさい。ただし、1目もりは1cmとします。

①△ABCはどのような三角形になりますか。

②△ABCの面積を求めなさい。

③点Cから辺ABに引いた垂線との交点をとDするとき、CDの長さを求めなさい。

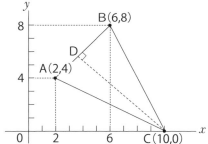

ちょっとひと休み
トーナメント戦で優勝者を決めるまで

　トーナメント戦では何試合必要でしょうか。ABCDの4チームなら、A－B、C－D、そしてそれぞれの勝者が戦う1試合を加えるので3試合。8チームなら7試合、16チームなら15試合、32チームなら31試合となります。

答え

①二等辺三角形　②24 cm²　③6√2 cm

解説

① 三平方の定理を利用すると右の図より、

$AB = \sqrt{(6-2)^2 + (8-4)^2}$

$AC = \sqrt{(10-2)^2 + (4-0)^2}$

$BC = \sqrt{(10-6)^2 + (8-0)^2}$

$AB = \sqrt{32} = 4\sqrt{2}$

$AC = \sqrt{80} = 4\sqrt{5}$

$BC = \sqrt{80} = 4\sqrt{5}$

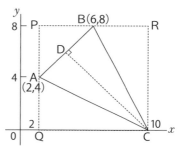

AC＝BCにより、△ABCは二等辺三角形となります。

② 正方形PQCR－（△PAB＋△AQC＋△BRC）で、△ABC
の面積を求めることができます。

正方形PQCR＝8×8＝64　$\triangle PAB = 4 \times 4 \times \frac{1}{2} = 8$

$\triangle AQC = 8 \times 4 \times \frac{1}{2} = 16$　$\triangle BRC = 8 \times 4 \times \frac{1}{2} = 16$

64－16－16－8＝24　ゆえに△ABCの面積は24cm²と
なります。

③ △ABCの面積は24cm²で、底辺をABとすると、辺CDは高
さになります。

$AB = 4\sqrt{2}$なので、$CD \times 4\sqrt{2} \times \frac{1}{2} = 24$

$CD = \frac{24}{2\sqrt{2}} = \frac{12}{\sqrt{2}} = \frac{12\sqrt{2}}{2} = 6\sqrt{2}$

POINT

中学では、三角形の面積を（直角三角形を除
く）辺の長さだけで求めることはできません。
正攻法だけでなく、ひき算の発想で求める（こ
の場合面積）方法もあるのです。

答えが2つ存在する計算?

計算の順序で答えが変わってしまう

　10÷2×(2＋3)という数式があります。答えはいくつになるでしょうか。

　正解は25ですが1と間違えて答える人が少なからずいます。四則計算にはルールがあります。左から順に計算し、(　)があればその部分を先に計算します。(　)がなければ×(乗)や÷(除)を先に計算します。＋(和)や－(差)は最後に計算します。

　10÷2×(2＋3)は(　)の中を先に計算するので、10÷2×5となります。左から計算すればいいので、10÷2で5、5×5で25が答えです。これを1つの式でかくと次のようになります。10÷2×(2＋3)＝5×(2＋3)＝25　**1という答えを出してしまった人は、2×(2＋3)の部分を先に計算してしまい、2×(2＋3)＝10、10÷10として、1という答えにたどりついてしまったのです。**

　では100÷5aという式でa＝5とするとどうなるでしょうか。

　100÷5×5＝20×5＝100、この100は間違いです。

　a＝5なので、5aを先に計算して、5×5で25となります。100÷25で答えは4となります。

　文字が入っていない数字だけの10÷2×(2＋3)という計算は、「×」の記号を省略して、10÷2(2＋3)とは普通は表示しません。1とい

四則計算のルールでは(　)＝小括弧の他に{ }＝中括弧、[ ]＝大括弧があります。複数の括弧がある式は内側の小さい括弧から計算します。

う答えになってしまうことがあるからです。

　文字が入っている $10 \div 2(x+3)$ という計算は、$10 \div 2 \times (x+3)$ とはせず、$2(x+3)$ を 1 つのかたまりと考え、先に計算します。

　これに関して「算数は面白いこと」というサイトでも取り上げられていたのが $10 \div 2 \times (2+3)$ の計算方法です。ひとつはこの計算で記号を省略しない方法です。

　$10 \div 2 \times (2+3)$ で、$10 \div 2 \times 5 = 5 \times 5 = 25$ となります。

　もうひとつは記号を省略した考え方です。

　$10 \div 2(2+3)$ です。あえてこれを別な形で表示すると $10 \div 2 \cdot (2+3)$ となります。これは $2 \cdot (2+3)$ が 1 つのかたまりと考えるので、$\dfrac{10}{2 \cdot (2+3)}$ となり、$10 \div (2 \times 5)$、$10 \div 10 = 1$ となってしまいます。

　このような誤解が生じるため、数字だけの式のときは、記号を省略しないようにします。

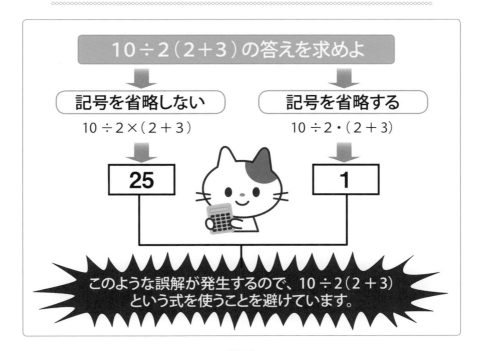

Column ⑦

学校で習った数学の定理

チェバの定理

　この定理はイタリアの数学者であるジョバンニ・チェバが1678年に刊行した著書に書かれていた、幾何学の定理のことです。△ABCにおいて辺BC、CA、AB上にそれぞれDEFがあり、この3つの直線AD、BE、CFが1点Pで交わるときに、$\frac{BD}{DC}\cdot\frac{CE}{EA}\cdot\frac{AF}{FB}=1$ という関係が成り立ちます。

これを「チェバの定理」といいます。

（特殊な条件で成り立つチェバの定理の1つが重心です）。

点Pは重心

$\left(\begin{array}{l}BD=DC\\EA=CE\\AF=FB\end{array}\right)$

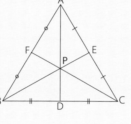 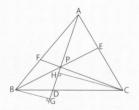

　一般のチェバの定理は下記のように証明できます。

3直線 AD、BE、CFの交点をPとする。

B、Cから直線ADに垂線BG、CHを下ろす。△ABPと△CAPにおいて、

APを底辺とすると、$\frac{\triangle ABP}{\triangle CAP}=\frac{BG}{CH}$、 一方BG∥CHより

$\frac{BG}{CH}=\frac{BD}{DC}$（△GBD∞△HCD）なので、$\frac{\triangle ABP}{\triangle CAP}=\frac{BD}{DC}$

同様に $\frac{\triangle BCP}{\triangle ABP}=\frac{CE}{EA}$、$\frac{\triangle CAP}{\triangle BCP}=\frac{AF}{FB}$ が成り立つ。

$\frac{BD}{DC}\cdot\frac{CE}{EA}\cdot\frac{AF}{FB}=\underbrace{\frac{\triangle ABP}{\triangle CAP}\cdot\frac{\triangle BCP}{\triangle ABP}\cdot\frac{\triangle CAP}{\triangle BCP}}_{約分できる}=1$

エピローグ

毎日の生活に
役立つ算数と数学

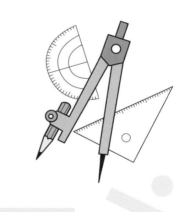

日常生活の問題解決能力と数学

解法への道しるべとなる9つの要素

　数学の問題を解くプロセスは、数量の文章題（代数）と図形（幾何）では多少の違いはありますが、流れはほぼ同じです。ここでは文章題を例にして説明してみましょう。下記の9つの要素が考えられます。

① 読解力（言語能力）…問題の内容を文字で理解する力

② 分解能力…シンプルな関係を抽出する力

③ 目的＆目標の設定…求める答えは何かを確かめる

④ 知識力…知っている知識を頭の中に入れておく力

⑤ 推理力…メタ認知を働かせ、何の知識を利用して解くのかの見当をつける力　※メタ認知…自分で自分の考えをよくみてコントロールすること

⑥ 視覚で全体を見る力…具体的な図表で示してみる力

⑦ 抽象力…文章を文字に置き換えて式をつくる力

⑧ 計算力…計算して正しい答えを求める力

⑨ 確認力…メタ認知を活用して答えが合っているかどうかを調べる力

与えられた問題文は、何を示しているかをまず理解しなければ始まり

ません…①。次に行う作業は問題文から読みとれるキーワードを書き出してみます。重要な事項だけを抜き出します。細かいあまり関係ないことに目を奪われると、大切なことが見えなくなってしまうので気をつけてください。…②。次に何を求めなければならないかを再確認します。目的もなく仕事をしていたらいい仕事はできないのと同じです。目標を立ててそれに向かっていくには段取りが必要です…③。目標が設定されたら、今まで得た知識の中で何を使えばいいかを判断します…④⑤。

複雑な内容でも図表などで表現すると、今まで見えていなかったものが見えてくることがよくあります。算数や数学の文章題では特に大切です…⑥。文章題が長くてわかりずらい場合は、抽象的な文字に置き換えてみることも重要です。複雑なものを簡潔明瞭に表示することが可能になります。xやyといった文字を使った式で表すといいでしょう…⑦。

数学の問題を解くには、公式や定理や定義をよく理解して覚えておくことが大切です。基本的な原理やしくみを知ることによって、色々な応用問題が解けるようになります…④。式を組み立てることができればあとは計算力です…⑧。

そして最後は検算を含めた確認です。答えが本当に正しいかどうかをメタ認知を活用して確かめることは、非常に大切な能力なのです…⑨。

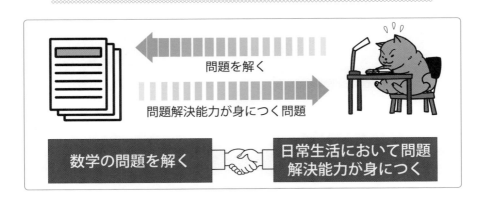

問題を解く

問題解決能力が身につく問題

数学の問題を解く

日常生活において問題解決能力が身につく

数学的な発想で人生を豊かに

算数&数学は生きていくための大切な力

　日常生活では様々な問題にぶつかります。ちょっと大変な問題にぶつかったとき、どのように対処するかどうかで、これからの自分自身の人生が大きく変わることがあります。自分の人生を切り開いていくにはいくつかの力や要素が必要になってきますが、数学力もその1つです。

　前項で数学の問題を解決する方法を9つの要素に分類して紹介しましたが、これは「論理的思考能力」を伸ばす練習ともなっています。この能力を身につけておくと、仕事や学問だけではなく、幸せな人生を送る確率が高くなります。この能力は訓練によって何歳からでも向上させることが可能だと言われています。

　数学の問題を解決する方法を身につけることによって、生き方を変えることは十分可能なのです。数学的発想ができると、仕事や日常生活にプラスになることが多くあります。しかし、数学的発想を豊かにし論理的思考能力を鍛えただけでは、効率のいい仕事をすることはできません。数学力以外に次の3つの力が必要となってきます。

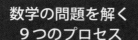
数学の問題を解く
9つのプロセス

メタ認知で論理的
思考能力を伸ばす

仕事や日常生活において
プラスに作用することが多い！

① 言語能力

　言語能力は、話す、聞く、文章を読む、文章を書く、文章を要約する、自分の考えを表現するといった6つの要素に分けられます。これらの能力が不足していると、本を読むのが苦痛になってきます。人と人との交流がうまくできないため、普通の社会生活を送ることが難しくなってくることがあります。

② 社会力

　社会力という用語は、教育社会学者の門脇厚司氏が『子どもの社会力』（岩波新書）で最初に使いました。「社会力」とは、社会と積極的に関わっていき、社会に何らかの動きかけをして、何らかの影響力を与えようとする力です。数学の問題を解く方法を活用して、社会に働きかける力です。

③ 相手を思う気持ち（EQ）の大切さ

　論理的思考能力＋言語能力＋社会力、これだけではまだ不十分です。これに加え「EQ」が重要になってきます。EQとは、アメリカの心理学者であるダニエル・ゴールマンが広めた用語で、「Emotional Quotient」の略です。「自信」「好奇心」「計画性」「自制心」「仲間意識」「意思疎通能力」「協調性」の7つの要素から成り立っています。

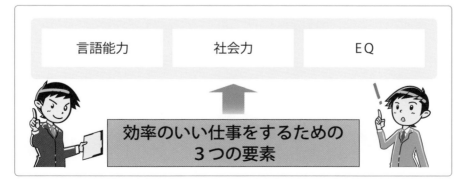

Column ⑧
学校で習った数学の定理
方べきの定理

　　円Oの外部の点Tから円に引いた接線の接点をPとします。
点Tを通り、円Oと交わる2点をA、Bとします。このとき
次の等式が成り立ちます。

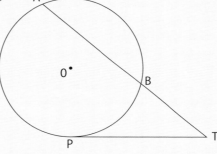

　　$TP^2＝TB・TA$
　　これを方べきの
　　定理といいます。

　　方べきの定理は下記のように証明することができます。

　　次のように、APとBPを結ぶと、接弦定理（42ページ）より
∠PAT＝∠BPT……①となる。
△APTと△PBTにおいて
∠ATP＝∠PTB（共通）……②となる。
2組の2角がそれぞれ等しくなり、
△APT∽△PBT
TA：TP＝TP：TB
これから$TP^2＝TA・TB$
が成り立つ

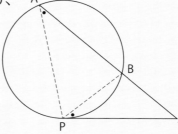

PTは接線、Pは接点

参考文献

読む数学記号（瀬山士郎 著／角川ソフィア文庫）

はじめて読む数学の歴史（上垣渉 著／角川ソフィア文庫）

「数字」で考えれば仕事の9割がうまくいく（久保憂希也 著／中経出版）

子どもに伝えたい三つの力（斎藤孝 著／NHK出版）

子どもの社会力（門脇厚司 著／岩波書店）

大人に役立つ算数（小宮山博仁 著／文藝春秋）

わが子にほんとうの学力をつける本（小宮山博仁 著／サンマーク出版）

新しい数学1・2・3（東京書籍）

新編数学II（東京書籍）

思わず教えたくなる数学66の神秘（仲田紀夫 著／黎明書房）

数学公式のはなし（大村平 著／日科技連）

数学がわかる（朝日新聞社）

算数・数学の超キホン！（畑中敦子／東京リーガルマインド編 著）

マンガ・数学小辞典（阿部恒治 著／講談社）

岩波数学入門辞典（岩波書店）

生活に役立つ高校数学（佐竹武文 編著／日本文芸社）

面白いほどよくわかる小学校の算数（小宮山博仁 著／日本文芸社）

面白いほどよくわかる数学（小宮山博仁 著／日本文芸社）

現代用語の基礎知識（自由国民社）

知らないと恥をかく世界の大問題（池上彰 著／角川マガジンズ）

世の中のしくみ雑学辞典（猪又庄三 著／池田書店）

小学校6年分の算数が教えられるほどよくわかる（小杉拓也 著／ベレ出版）

中学校3年分の数学が教えられるほどよくわかる（小杉拓也 著／ベレ出版）

●WEB関連　各項目関連サイト　Wikipedia・他

【監修者略歴】

小宮山博仁（こみやま　ひろひと）

1949年生まれ。教育評論家。放送大学非常勤講師。日本教育社会学会会員。47年程前に塾を設立。教育書及び学習参考書を多数執筆。最近は活用型学力やPISAなど学力に関した教員向け、保護者向けの著書、論文を執筆。

著書：『塾──学校スリム化時代を前に』（岩波書店・2000年）、『面白いほどよくわかる数学』（日本文芸社・2004年）、『子どもの「底力」が育つ塾選び』（平凡社新書・2006年）、『「活用型学力」を育てる本』（ぎょうせい・2014年）、『はじめてのアクティブラーニング社会の？〈はてな〉を探検』全3巻（童心社・2016年）『眠れなくなるほど面白い　図解　数学の定理』『眠れなくなるほど面白い　図解　数と数式の話』（監修/日本文芸社・2018年）『眠れなくなるほど面白い　図解　統計学の話』（監修/日本文芸社・2019年）『大人に役立つ算数』（角川ソフィア文庫・2019年）『持続可能な社会を考えるための66冊』（明石書店 2020年）など。

　小論：「教育改革の論争点：予備校・進学塾の指導方法の採用」（教育開発研究所・2004年）「ドリル的な学習は算数の学力を育てるか」（金子書房・児童心理・2009年2月）「文章問題・記述式問題が不得意な子どもにどうかかわるか」（金子書房・児童心理・2009年12月）、「活用型学力のすべて・活用型学力と向き合う」（ぎょうせい・2009年）、『「10歳の壁」プロジェクト報告書：10歳の壁を超えるには（算数を中心に）』（NHKエデュケーショナル・2010年）、「学校外の子どもの今①〜④」（金子書房・児童心理・2013年9月〜12月）、「管理職課題解決実践シリーズ2」9章PISAにみる活用型学力とその育み方（ぎょうせい・2015年）、「新教育課程ライブラリvol.5」＜受験のいまとこれからの学力観＞（ぎょうせい・2017年）、「教育社会学事典」7章、生涯学習と地域社会＜民間教育事業＞（丸善出版・2018年）、（学校教育・実践ライブラリ〈Vol 10〉資質・能力の育成は受験学力を変えるか」（ぎょうせい 2020年）など。

眠れなくなるほど面白い
図解　大人のための算数と数学

2020年3月10日　第1刷発行
2020年9月10日　第2刷発行

監修者
小宮山博仁

発行者
吉田芳史

印刷所
株式会社廣済堂

製本所
株式会社廣済堂

発行所
株式会社日本文芸社

〒135-0001　東京都江東区毛利2-10-18 OCMビル
TEL.03-5638-1660（代表）

＊
© NIHONBUNGEISHA/Hirohito Komiyama 2020
Printed in Japan 112200221-112200902 Ⓝ02（300029）
ISBN978-4-537-21777-3
編集担当・坂